INFORMATION AND FIELD SCIENCE

情報とフィールド科学 6

景観から風土と文化を読み解く

柳澤雅之 著
Masayuki Yanagisawa

京都大学学術出版会

情報とフィールド科学 6

景観から風土と文化を読み解く

Masayuki Yanagisawa
柳澤 雅之 著

Contents

目次

本書のねらい

フィールドにおける膨大な情報の中から知識（knowledge）をいかに見出し、読み解くかが本ブックレットシリーズの目的です。このシリーズではこれまで、映画や雑誌といったメディアの読み解き[*1]、灯台というモノの読み解き[*2]、災害対応や宗教からの社会の読み解き[*3]をテーマとして取り上げてきました。本書では、景観（風景）を取り上げます。中でも「農」の営みが作り上げてきた景観を観察することで、フィールドに横たわる問題にアプローチする際の、視点と手法について考えます。

産業としての農業は、作物の栽培を通じて食料を生産し、あるいは、販売によって現金収入を得て生計を維持するための経済活動です。しかし、農業はそもそも、自然界に存在する多様な植物の中から有用な植物を人間が選抜し、それを改変するとともに、植物が生育する環境をも改変し、食料や薬など、人間に必要な産物を育てる行為です[*4]。そのために人間は協力し合い、情報を交換し、伝播した技術を地域の条件に合うよう改良して使ってきました。すなわち、地域ごとに異なる自然環境に適応しながら人間は地域の農耕文化を育み、そのことは、地域ごとの経済や社会の仕組みにも影響を与えてきたと考えられます。したがって農業は、根本的には人と自然の関係の中で生み出された産業

＊1
山本博之『情報とフィールド科学１ 映画から世界を読む』京都大学学術出版会、二〇一五年。山本博之『情報とフィールド科学３ 雑誌から見る社会』京都大学学術出版会、二〇一六年。

＊2
谷川竜一『情報とフィールド科学２ 灯台から考える海の近代』京都大学学術出版会、二〇一六年。

＊3
西芳実『情報とフィールド科学４ 被災地に寄り添う社会調査』京都大学学術出版会、二〇一六年。林行夫『情報とフィールド科学５ 生きている文化を人に学ぶ』京都大学学術出版会、二〇一七年。

であり、農業の課題とは、農業生産のための技術の問題ばかりか、文化や社会、経済を含めた多様な分野にまたがる課題であるといえます。また歴史的にも、人と自然の関係は、人類発祥以来の人類の生存にかかわる問題であったと同時に、環境や健康の問題をはじめ、現代的に重要な課題でもあります。

人と自然の関係の中で、作物生産を中心に、農業にかかわる広義の人間活動を本書では「農」と呼びます。農を学ぶ際、農学という学問分野が存在しますが、農学は単に農業生産を支える技術を学ぶ分野ではなく、より広義には、文化や社会、経済を含めた農的な活動全般にかかわる分野ということになります。本書では、そうした広い意味での農を取り上げます。人間の農にまつわる活動の中から、人と自然の関係をどう読み解くことができるのか、社会の仕組みや成り立ちをどう読み解くことができるのかを考えます。

＊4 植物だけでなく動物も含めて、自然界の生物を選抜し、人間に有用なように馴らすことをドメスティケーションと呼びます。

第1章　景観観察の基本的な考え方

人間の農にまつわる活動を調査する手法として、農村景観の観察や、農村での住み込み調査、農家へのインタビューなどがあります。これらは現地（フィールド）で行う調査活動ですので、現地調査あるいはフィールドワークと呼ばれます。[*5] 実際の景観の読み解きに入る前に、本章では、景観観察の基本的な考え方について述べます。

見たものを記録する

フィールドワークにおいて見ること、すなわち観察することはもっとも基本的な作業のひとつです。観察する対象が自然であっても人間であっても同様です。あるいは、広い範囲を対象とする広域調査であっても、ひとつの地点に長期間滞在するような定着調査の場合であっても、観察することからフィールドワークが始まります。農村を対象とした広域調査の場合、地域の景観の把握は地域の農業生産の理解に欠かせません。定着調査の場合でも、農村で長期の調査をする際に、村の置かれた自然環境を把握しておくことや景観に現れる農村社会の歴史を読み解いておくことは、その後の村でのインタビューでも決定的

＊5
フィールドワークの手法についての書は多数あります。たとえば次のようなものを挙げておきます。佐藤郁哉『フィールドワーク――書を持って街へ出よう（増訂版）』新曜社、二〇〇六年、箕浦康子編著『フィールドワークの技法と実際――マイクロ・エスノグラフィー入門』ミネルヴァ書房、一九九九年、京都大学大学院アジア・アフリカ地域研究研究科・東南アジア研究所編『京大式フィールドワーク入門』NTT出版、二〇〇六年など。また、FENICS一〇〇万人のフィールドワーカーシリーズ（古今書院）は、さまざまな分野の研究者による、さまざまな立場や場面を想定したフィールドワークの総合的な書です。

に重要となるからです。

では、目に見える景観の中で何をどのように観察すればよいのでしょうか。筆者は学部学生を対象としたゼミで、景観観察の手法について講義することがあるのですが、その際、動きのあるものを何でもよいから五分間、ノートに記録するように言います。五分後の学生が記録した内容はとてもばらばらです。ほとんど白紙の学生がいる一方、びっしりと記録していながらまだまだ書ききれませんという学生もいます。この違いは、ちょっとしたコツ、すなわち、具体的に記録しているかどうかの違いです。

そこで、「自分が見ている景観の中にある動きを、他者に説明する時のように言葉にし、それを記録してください」とアドバイスし、再び五分間の記録時間をとると、今度はほとんどの学生がびっしりと書いてきます。ただし、ここで疑問がわいてきます。たくさん書くことは可能なのですが、それで本当に景観を正しく伝えられているのかどうかについては疑わしいというわけです。

景観を言葉で記録することとは、ビジュアルなイメージを言葉に置き換えることに他なりません。いったん言葉で正確に説明しようとすると、微に入り細にわたって言葉を尽くすため、文字量は膨大になる一方、逆に、いくら書いても、実際の景観と自分の表現した言葉との間に大きな溝があるように感じることがあります。

景観を言語化する二つのプロセス

その理由は、景観を言葉で表現する、すなわち言語化するプロセスの中に、二つの変換のプロセスが介在し、それぞれのプロセスで、情報の変換が起きているからです。二つの変換プロセスのうち、最初のものは、実際のビジュアルな景観を自分なりのイメージに変換しているプロセスであり、もうひとつは、自分の読み解いたイメージを自分なりの手法で表現するというプロセスです。[*6] これらは通常、分けて考えることはあまりないかもしれませんが、自分自身の手法の長所や短所を検証する際に、分けて考えておくと課題の特定が容易になるのです（図❶）。

景観から情報を見出すプロセス

景観にはそもそも膨大な情報量が含まれています。景観の観察とは、その膨大な情報の中から自分なりに見出した意味のある情報の塊を意識化することです。景観観察の名人の域に達していれば、景観をして語らしめるというような、景観全体を記録するということがあり得るかもしれませんが、ひとつの景観をはじめて見る際、多くの人にとっては、何らかのテーマや事物など、景観を構成する個別の要素を中心にまずは具体的な情報を記載することから景観観察は始まります。たとえば、水田や畑に生育する農作物の種類を記録したり、かんがい水路や水田ごとの水の流れに関心をもって記録したりすることが観察

＊6
画家ピカソは、「画家は自然を観察しなければならないが、自然と絵を混同してはならない。自然は、記号を介してしか写し取れないのだ」と述べています。

の第一歩になりますし、果樹に関心のある人ならば、庭や果樹園での果樹の種類に関心を寄せるでしょう。農地周辺に生育するさまざまな植物に関心を持つ人もいます。そして、特定の事物に関心をもって景観を眺めていると、その事物に対する目が急速に養われていくようになります。

そのため、たとえば、ある特定の植物に目をつけて広域の中での比較を意図するような研究者は、特定植物が生育する自然環境や人間による利用がおこなわれているような場面に対して大変鋭敏な目を持つようになります。時速八〇キロメートルで走る自動車の中から、道路わきに生育するわずか数株の植物を見分けることも可能です。こんな人と同じ車に乗って調査していると、突然大きな声で「ストップ」と叫んで車を急停止させ調査しようとしますので、運転手がその声に慣れるまで、同乗者はたいへん怖い思いをします。そして特定の植物が生育する環境や人間による利用など、その植物に関連する範囲でさまざまな情報をその場から取得し、それを広域の中で比較して、特定植物の理解を深めます。

図❶ 景観を表現する二つのプロセス

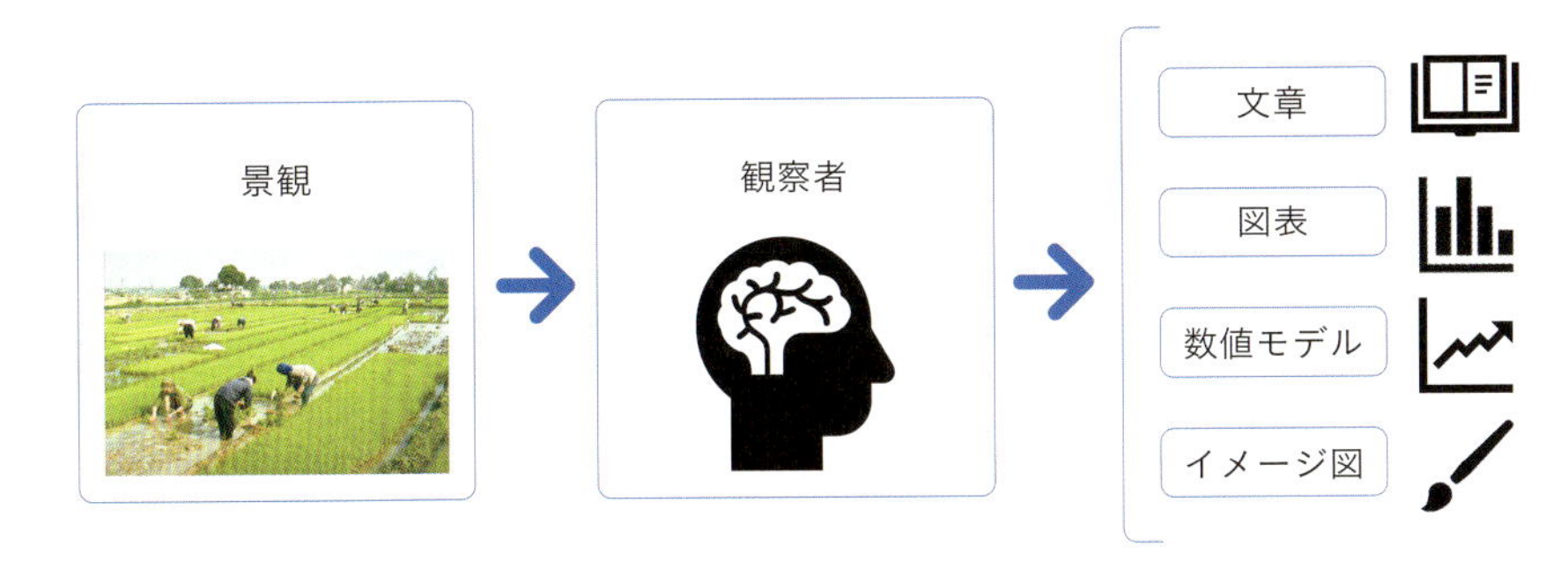

事前の関心事とフィールドワーク

景観に現れる特定の事物に焦点をあてることが景観観察の第一歩だと述べました。その際、右の例でみたように、二つのケースが存在するようです。ひとつは、ある景観に接して初めて観察対象として認識するようになった事物を記録する場合、もうひとつは、調査前から特定の事物を記録しようという意図をもって調査する場合です。どちらの場合のほうが、よりよい景観観察が可能となるのかはわかりません。景観観察の前に観察する対象を決めてしまうと、景観の中からそれのみを見ることになるかもしれません。すると、景観に含まれる膨大な情報のほんの一部を見ているにすぎないことになります。また、景観に現れる地域の特徴を見逃す可能性もあります。しかし、事前に観察するものを決めず、現場で、中途半端な感性にのみ従っていても、何も見えなくなる可能性も大きいのです。したがって、事前に観察する対象を決めておくかどうかと関係なく、フィールドワーク中で、景観全体を意識しながら個別の要素を見、そして、景観の中のどのような要素に着目することが重要なのかをその場で考えることが重要になります。事前に想定していた特定の観察対象があっても、現場で自由自在に変更できる柔軟さが大切だということです(図❷)。

自分のフィルター

そして、その際、現場の景観の中から見ようとしているのは、自分のフィル

図❷　インドネシア・カリマンタンにて、手長エビをとる漁師さんにインタビューする筆者

森林利用に関するフィールドワークの最中だったのですが、
エビ漁獲量の変化に関する情報を得て、より総合的に森林
利用を考えるきっかけになりました。
右下はエビを採る筌（うけ）（2017 年 2 月撮影）。

ターを通して見えるものだという認識が必要です。自分の関心事が見えるものに反映しているという意識です。初めて訪問する地でのフィールドワークでは、よく言われるように、「なんでも見てやろう、なんでも書いてやろう」という精神が大切であることはその通りなのですが、たった五分間の景観観察だけでも膨大な情報量を記録することができることからわかる通り、何でも見て、何でも書くことは、実際にはできません。景観観察の現場では限られた時間の中で必要な記録を取らなくてはならず、取捨選択をする必要があるからです。そしてその際、自分自身の関心事が最優先事項になります。

自分自身の関心事とは

自分が最終的に景観から読み解きたいテーマは何なのかは、多くの場合、自分自身の関心事は何なのかということと大変近い関係にあります。景観観察をしながら、設定したテーマに沿って考えると同時に、自分自身の関心事はそもそも何かを考えることで、設定していたテーマよりもさらに深いところにある、自分自身の研究の動機と関連づけることができます。それにより、特定の課題にとらわれず、景観が持つ膨大な情報の中から、より自分自身の関心事に近い事柄を読み解ける可能性が拡がります。したがって、何を観察の対象とするかは、最終的にはフィールドワークの際に形作られるといってよいでしょう。

表現するためのプロセス

少し回り道をしながら、実際の景観を自分なりのイメージに変換しているプロセスとは、自分の関心事にそって景観のビジュアルなイメージから自分なりの情報を切り取るプロセスであることを述べました。複数のメンバーで同じ景観を見ていても、ひとりひとりの記録は異なります。自分の目で見て自分の言葉で記録しようとしてはじめて自分なりの景観観察になるわけです。

景観を言葉で表現する際のもうひとつのプロセスは、自分の得たイメージを自分の手法で表現するというプロセスです。自分なりに景観の中から切り取った情報はまだ自分の頭の中にしかありません。それをさまざまな形で表現するプロセスがあります。景観を人に伝えるための手段としては、心に訴えるような言葉をどう紡ぎだすかに意を尽くす場合もあるし、絵画として表現する場合もあるでしょう。研究の場合は、学術用語の使用を含め、客観的で明瞭な言葉遣いや比較可能な数値、明快な論理で示すことになります。もちろん、数値情報や空間的配置を図表化して論点をより明確に示すことも含まれます。景観観察の目的や意図に応じて、表現の仕方も変わってきます。

したがって、観察した景観を言葉で記述することは、必ずしも景観を言葉で精密に再現することではありません。表現するにあたっては、むしろ、研究意図に相応しい自分なりの表現手法を考えることが必要です。言葉で意を尽くすのが得意な人は言葉で、そうでない人は別の得意な手法を用いて、観察した景観を表現するための工夫を見つけることが重要です。

特定の事物の観察から関連する事物の観察へ

特定の事物に焦点をあてながらの景観観察に慣れてくると、対象とする事物以外のものが見えるようになってきます。それまで自分自身が観察の対象としていた事物がどのような他の事物とともに現れるのかといったことがわかるようになるでしょう。景観の中に観察できる対象物が、単体から複数になってきたわけです。

たとえば、稲作地帯の景観を見る際、水稲に着目していながら、その水稲が生育する水田の形や水の流れ、田植えの様式といったことに目が向けられるかもしれません。水稲の成長に関心があれば、葉の色や形、生育ステージとの関連に気がつくかもしれません。あるいは、水稲の生育段階に応じて、圃場の湛水深が異なることに気がつくこともあるでしょう。そうした、観察の対象とともに現れる事物は、たまたま偶然に現れたのか、あるいは何らかの必然なのか。[*7] 水稲の生育段階に応じて圃場の湛水深をコントロールしているとすれば、それは誰がどのように操作しているのか。細かい水操作を可能にする技術的要因は何か。個人による操作が可能なのか。村人が共同して行うような、社会的な要因が水操作にも影響を与えているのだろうか。このように、観察の対象としていた事物がその他の事物の中でどのような関連を持っているのかについて

＊7 こうした小さい疑問、小さい発見が、後々、大きな疑問、大きな発見につながることがよくあります。景観の記録とともに、たくさんの発見と疑問をあわせて記録しておくと、景観観察の指針にもなります。

芋づる式で疑問がどんどん湧いてくるようになれば、観察の対象とする範囲は大幅に広がっていきます。

特定の事物との連関を見る

特定の事物に焦点をあてながらの景観観察に慣れてくると、対象とする事物が、景観全体のさまざまな事物の中で、相互かつ密接に関連しあっていることが見えてきます。こうなると、景観観察の当初の悩みが、再び頭をよぎります。すなわち、そもそも、景観は記録不可能なほど膨大な情報を含んでいるため、その中から、特定の事物に焦点をあてたとしても、特定の事物と関連しあっている事物をすべて記録しようとすると、やはり膨大な情報となり、記録できないのではないかという恐れです。景観の中にあるひとつの事物は、もしかしたら、景観全体とも関連しているのではないかという思いにとらわれるかもしれません。

当初の景観観察とは異なり、この段階になると、観察眼はかなり向上しているものと思われます。特定事物との関連性を、景観の中に瞬時に見出すことができるようになっているでしょう。たとえば、水田では、畦畔や水路の形状からかんがいシステムを推定したり、畑作の圃場に残された作物残渣から年間の作付体系を推定したりすることも可能になっているはずです。実際に、水路ひとつ見ただけで、かんがい面積を推定したり、黄金色にたなびく稲穂を見て、収穫後の生産量を推定したりするような名人芸を見せてくれるフィールドワーカーもいます。*8

連関を総合的に見る

こうしたフィールドワーカーは、特定の事物と他の事物との関連性を見出す際に、稲や水路などの特定の事物のみで判断しているわけではありません。多くの場合、さまざまな事物を総合して判断しています。特定の事物を中心にしながらも、それと関連するさまざまな事物のつながりを観察し、つながりの全体を見ながら総合的に判断しているのです。

たとえば、圃場に残された作物残渣から年間の作付体系を推定するような場面を考えてみましょう(図❸)。稲やトウモロコシ、麦などが収穫された後の圃場には、稲わらやトウモロコシ、麦の稈が作物残渣として残されていることがよくあります。稈の形から、前作に植えられていた作物が想像できますし、圃場に残された畦畔や畝の形か

図❸　圃場に残された手掛かりから作付体系を推定する

インド・タミルナドゥ州の農村景観(2016年1月撮影)。圃場に残された前作のソルガムの稈や畝の形がヒントになります。

らも、植えられていた作物をある程度推定することが可能です。豆類や野菜類は、こぼれ落ちた種から発芽したり、残されていた根から生育したりすることがあるので、圃場の隅々にひっそりと発芽している様子から、作物を推定可能な場合もあります。そして、作物ごとの生育期間や、その地域の降水量、降水の季節性などを考慮しながら、前作や前々作の作物を推定し、一年間の作付体系を推定するわけです。景観観察に慣れてくると、こうした推定のプロセスをほぼ一瞬で行うことができるようになります。

ばらばらな事物をつなぐ

景観観察に慣れてくると、対象とする事物が、景観全体のさまざまな事物の中で関連しあっていることが見えてくると述べました。時間をかけて、事物同士の関連性をさらに追及すれば、やがて景観の中に含まれるすべての事物は、互いに何らかの関係性によって結ばれていることが見いだせるようになるかもしれません。しかし、実際のフィールドワークでは、ひとつの景観を読み解くための時間は限られています。そのため、ある特定の事物に関連を持つさまざまな事物をひとつのセットとして取り出し、それに対してしばしば名前をつけて言語化し、景観の特徴として記録します。そうすることによって、ひとつひとつの事物の関連性を一から読み解くのではなく、意味のある塊としてとらえ、さらに、それらを組み合わせながら全体的に景観を理解しようと試みま

＊8
もちろん、これらはすべて、地域の農業生産の概要をつかむための推定であって、実際のかんがい面積や生産量を知りたい場合は、きちんとした手続きを経て情報を取得する必要があります。

す。すなわち、景観の中には、そもそも観察者が着目していた特定の事物があり、互いに関連性を持った事物のまとまりがあり、そして、それらの総体が景観の全体像を形作っていると言えます。

たとえば、図❹に、京都の広沢の池の近くの農村景観の写真を示しました。水稲や野菜などの農作物や、畦畔に生育するヒガンバナ、直線的に整備された水路や動物の防護柵など、さまざまな要素を景観の中に見て取ることができます。一方、山間から流れるかんがい水は、コンクリートで水漏れしないように作られた水路を通り、水田ごとに分配されていますので、水でつながったひとつの水系として水田の全体の景観を理解することも可能です。ヒガンバナは、かつては、畦畔に穴をあけるネズミやモグラなどを防ぐために植えられていたこともありましたが、現在では、防護柵を使ってイノシシやシカなどの獣害を防ぐことが農業生産上の大きな課題となっています。景観の中に、そうした歴史の痕跡を読み解くことも可能です。景観の中の要素は、さまざまな形で連関していることがわかります。

部分と全体

実際のフィールドワークにおいて観察者は、特定の事物や、事物同士が互いに関連しあう事物のまとまり、そして、それらが形作る景観の全体像を常に意識しながら観察記録をとっています。別の言い方をすれば、特定の事物に着目し、それらを含む事物のまとまりに着目したり、さらには景観全体を眺めた後、再び特定の事物に着目してみるというように、部分と全体を絶えず往還しながら景観を観察しているわけです。

全体を理解するとは

景観観察に際し、特定の事物の記録から始め、やがて、関連する事物同士のまとまりが見えるようになり、そして、景観全体を読み解くことに考えが至りました。では、特定の事物を記録することや事物同士のつながりを読み解くことと、景観全体を読み解くこととはどのような違いがあるのでしょうか。そもそも、全体とはどのようなものなのでしょうか。そして、全体的に理解することとは、どのように理解することなのでしょうか。

図❹　景観の部分と全体

京都市広沢池西隣の景観（2018年9月撮影）

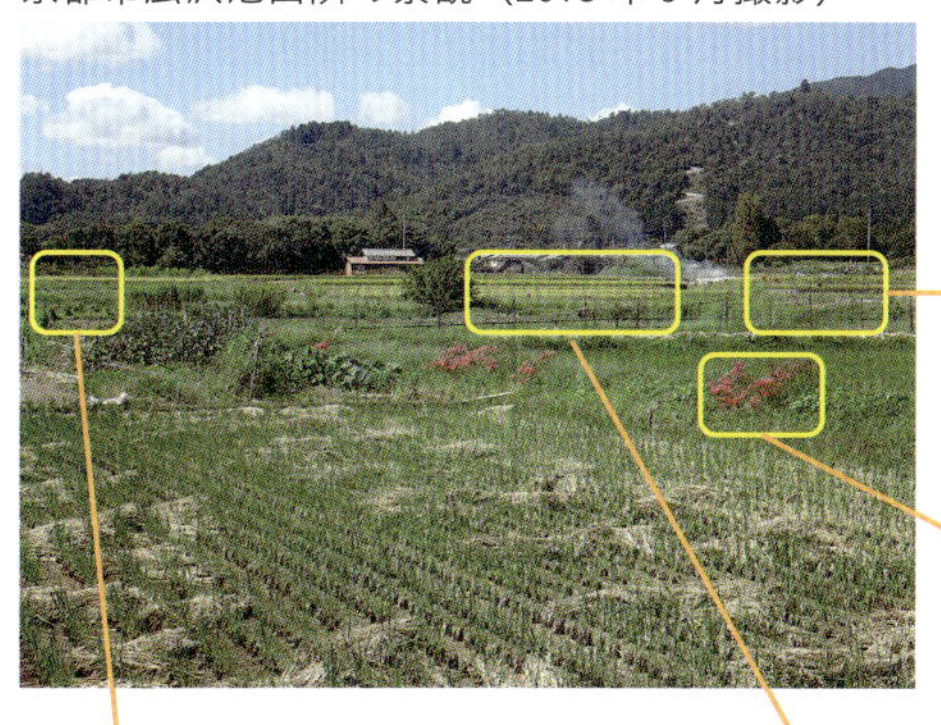

湛水することのない、
道路沿いの圃場で
野菜が栽培されていました。

直線的な水路は圃場整備が
なされたことを物語ります。

収穫直前の水稲と
動物除けの防護柵。

土手に生えるヒガンバナは、
モグラやネズミ除けの
目的もありました。

分析主体の近代科学

私たちは学校教育の中で、事象の分類を行い、分析的に考えるためのトレーニングを積んできました。それは、自然科学であれ社会科学であれ、近代科学は分析の手法を精緻化させ、社会に大きな貢献をしてきたからです。確立された分析手法を用いて得られた結果は客観的で、かつ、だれもが同じ手法を用いて再現することが可能な事実として認定されます。個人の思い込みに基づいたあいまいな結果ではなく、その事実の上に、新たな事実が積み重なり、人類の共通の知識として蓄積することができる客観的な事実です。

分析的手法が科学の発展に大きく寄与した一方、全体的に考えるための手法がどの程度、確立しているのかははなはだ心もとない状況にあります。その理由の第一は、全体とは何かという認識の違いに由来するのではないかと筆者は考えています。全体として理解すべき対象の具体例として筆者は、世界のグローバルな経済システムや生命体、地球環境、文明の盛衰など、複雑な相互作用を持った巨大な構造（システム）を想定しています。範囲が世界大におよばずとも、一国の政治経済社会制度や生命体、局所的な地球温暖化のプロセスや気象変動メカニズムなどは、あまりにも構造（システム）が複雑で、ひとりの人間ではなかなか全体像を把握することができません。少しずつ部分の理解を蓄積し、明らかになった知見を紡ぎ合わせながら、やがて全体像を構想しうるものです。具体例として挙げたような構造（システム）は、全体として理解すべき構造（システム）、すなわち全体性を持つものであり、そう簡単に全体像がつかめるものではありません。その結果、人によって全体性に関する認識に違いがでてきます。どのような違いがあるでしょうか。

比喩的に述べれば、部分の集積として全体が存在すると仮定すれば、総合的理解に分析の手法は有効です。全体をどんどん分解して個別の部分をまず理解し、最後にそれらを集めて組み立てなおせばよいからです。それはまるでブロックのおもちゃのように、ひとつひとつのブロックをバラバラにしてよく理解した後、再度、全体を組み立てなおす作業と言えます。

しかし、全体性が、一定の規則に基づいた部分間の複雑な相互作用の結果である場合、あるいは、相互作用はなく部分が独自に活動しているものの、全体としてなんらかの法則に則って個別の活動が規定されているような場合、全体性はなんらかの構造（システム）を持っているように見えるはずです。この場合、部分の理解に加えて、部分間の関係性を理解したり、個別の活動を規定するなんらかの法則を見出したりする必要があります。

たとえば、生命体は全体性をもった存在です。生命体を理解するには部分だけでなく総合的理解が必要です。養老孟司の言葉を借りると、ニワトリをバラバラに切り刻んで分析した後、それらの部分をつなぎあわせても生命そのものは再生しません。生命とは何かを理解するには、生命体の全体性を総合的に理解する必要があります。世界のグローバルな経済システムや全球的に影響がおよぶ地球環境問題も同様です。部分の分析結果を集積しても経済システムや地球メカニズムを再現することができるとは限りません。

このように、ひとつの有機的な構造（システム）を理解するには、分解・分析するだけでは十分でないと考えられます。部分ごとの理解に加え、それらが連結された全体性を理解する必要があるわけです。

世界はひとつのシステムでできているのか

もう一点、全体性を考えるときの根本的な課題は、そうした構造（システム）には、全体を統一するようなひとつの統合的メカニズムが働いているのか、あるいは、異なる複数のシステムが共存し全体性を形作っているのかに関する認識の違いがあると思います。あるいは、そのいずれでもない仕方で全体性が形作られているかもしれません。世界を統べるのは唯一のカミなのか、それとも、八百万のカミガミが共存しているのか。議論の決着がつきそうにない難題です。

誰が壮大な研究を行うのか

世界システムや地球システム、生命システムのように、複雑な構造をもつ全体性の総合的理解を、私たちは、ごく身近に触れることのできる範囲の知見をもとにおこなっています。全体性はあまりにも巨大であるため、個人はその触れることのできる限られた一部分から全体を類推し、洞察を駆使して理解しようとします。では、全体性の理解を得ることは普通の人では無理な課題であって、世界の文明史を見直すような壮大な研究は、天才にしてはじめて可能なのでしょうか。総合的理解に挑戦する人は、きわめて多数の文献を渉猟しているのはもちろんのことですが、かといって世界中のすべての文献を調べた後に、世界の成り立ちを構想しているわけではありません。

筆者は、総合的理解に基づくスケールの大きな研究を一部の天才にゆだねる必要はないと考えています。現在、分析による科学はどんどん進む一方、総合的理解は一般には科学とはみなされていません。しかし、グローバル化が進む世界システムや全球的な影響を考える必要のある地球環境問題など、全体性の理解が必要とされるような喫緊の課題が多々、存在します。むしろ、研究の大きな方向を見誤らないためにも、部分の研究を日々コツコツと積み重ねている人こそ、並行して、全体性理解のための手法を考え、全体性理解を頭において研究を進める必要があるといえます。複雑なシステムを総合的に理解し全体性を考えることは部分の分析や研究にとってきわめて重要な指針になります。

総合的理解が必要とされる分野がますます多くなっているように見える反面、総合的理解のための手法や提出された試論に批判検討を加えるための方法、さらには、思いつきの試論とそうではないものとを峻別し、その成果を生かす方法についてなど、総合的理解のための方法論に検討の余地はまだまだ残されています。総合的理解を一部の天才にゆだねることなく、また、ひとりよがりな「総合的」判断を拙速に下すでもなく、十分な根拠と明快な論理を持った総合的理解をひとりひとりが進め、それを鍛える場ができていくことで、総合的理解のための道が拓けると思います。

景観の全体を読み解く

最後に景観観察の話に戻りましょう。一幅の景観に含まれる情報は膨大です。なぜなら景観が示しているのは、長い歴史の中で形成されてきた自然の複雑な構造（システム）であり、人間と自然の相互作用の長い歴史の中で形成されてきた構造（システム）だからです。景観観察とは、その全体性を読み解く作業に他なりません。景観が持つ膨大な情報の中から、特定の事物に焦点をあて、自分の知りたい情報を得るような目的意識の明確な景観観察だけでなく、部分と全体を往還し、未知の情報を読み解くような景観観察にも、ぜひ、チャレンジしてみてください。

第2章　自然の精緻な利用を読み解く

ここに一枚の写真があります（図❻25頁）。筆者が主な研究対象とするベトナム紅河デルタで、一九九四年七月に撮影したものです（図❺）。ベトナムは日本と同様、お米を主食とし、文化や社会にも稲作の影響が色濃く残されています。また、日本ほど、都市化や農村の過疎化が進行しておらず、現在でもまだ古い農耕技術や制度が残されているところがあります。本章では、ベトナムの農村景観を題材にして、具体的な農の読み解きを考えます。

ズームインとズームアウト

農村景観の読み解きには、本来は、現場で実際の景観を眺めることが必要です。実際の景観を観察し、前の章で述べたような、部分と全体の往還をする際、観察者はカメラ撮影でいうズームインとズームアウトを繰り返しています。つまり、景観の中の特定の部分を見る際にはズームインをしますし、逆に、全体を見る際にはズームアウトを行っています。景観を実際に眺める行為とは、一枚の絵を平面的に眺めるように見ているのではなく、視点を近づけたり遠ざけたりしながら立体的に景観を眺めているからです。本という媒体の性

図❺　東南アジアの中での紅河デルタの位置

質上、本書では写真を使った景観の読み解きを行いますが、実際の景観を眺めている際のように、適宜、ズームインしたりズームアウトしたりしながら、写真に写った景観がどのように読み解けるのかを考えていきます。

ベトナム農村での苗取りの景観の読み解き

では実際に、景観観察から、農の活動をどのように読み解くことができるかを考えてみましょう。まず、次の写真をご覧ください（図⑦27頁）。筆者がベトナム紅河デルタ農村で撮影した景観です。植えられているのは水稲の苗です。何人もの人が圃場内で苗取りの作業をしています。これは、通常の水田地帯では見かけない景観かもしれません。苗代がこれほど一か所に集まっていることはそれほど普通のことではないからです。ここでは、村の人たちが苗代の場所を特定の区域に設定し、その中で、共同して水管理や圃場整備を行い、苗代のための専用の水田として整備しているようすがわかります。

ただし、もう少しズームインしてみると、苗代専用田の中にも、泥で作られた小さい畔で区分された圃場があり、その範囲の中で苗取りの作業が世帯ごとに行われていることが、写真からうかがい知ることができます。

実は、ベトナムでは社会主義政策の下、一九八〇年代後半まで農業集団化政策がとられていました。[*9] 集団で苗代用の土地を管理するのは、集団主義時代の名残なのかということがまず考えられます。しかし、専用の圃場で、共同で苗

*9 北部ベトナムでは、一九五四年にはじまる土地改革の後、農業集団化が開始されました。村の土地と生産用具が共有化され、農民は割り当てられた作業に応じて労働点数が与えられ、食糧を得ていました。

図❻　ベトナム紅河デルタの農村景観（1994 年 7 月撮影）

代を生育するのは日本でもかつて見られた農村景観のひとつであり、ベトナムでも自然環境条件が適しているため村で自発的に管理するようになったと考えることも可能です。また、写真の左手奥のほうをズームインしてみると、苗代専用田よりもやや高みに、土がむき出しになった畑地（近くに行くと砂質土壌であることがわかります）が見られますし、畑地と苗代が生育する圃場との間には水路が走っています。水路の先（あるいは後ろ）は、写真奥のほうに見える木々と家々につながっています。すなわち、ズームアウトして全体的に眺めてみれば、集落からすぐ近くに苗代専用田と畑地が造成され、苗代専用田は畑地よりもやや低いところに位置することがわかります。屋敷地から近く、おそらく水管理が容易で、砂と粘土が混じった適当な土壌の土地に苗代専用の圃場が造成されていると思われます。

また、苗取りをした後の圃場にズームインしてみると、水につかり、泥がこねられたような状態になっていることも見て取れます。苗代専用田は苗専用の圃場ですが、苗取りをした後、ここでも他の圃場と同様に、稲を植える可能性があります。紅河デルタが位置するベトナム北部農村では、一年に二回、稲が作付けされますので、この苗代専用田では、本田として二回、苗代田として二回、合計四回の稲の作付けが行われるということになります。これは年間を通じて、大変、窮屈なスケジュールですので、実際にどのように稲の作付けが行われているのかは、村の人に聞いてみなければ確かなことはわかりません。

図❼　ベトナム紅河デルタの農村での苗取りの作業（1996 年 2 月撮影）

ちなみにこの村の苗代専用田では、実際に年間四回の作付けが行われていました。そして技術的にそれを可能としたのは、生育期間が三〜四か月の短期種が導入された八〇年代からだということも後々、わかりました。八〇年代は食糧増産がなによりも重要な農業生産上の課題であり、年間を通じて、空いている土地がほとんどなくなるほど、土地が何度も使われて作物生産が行われていたことがわかりました。

ベトナムの水田景観の読み解き[*10]

苗代専用田のような農村景観はやや特殊な例ですので、その景観に出会うと、観察するほうも一生懸命、景観の中に読み解きのヒントを探そうとします。しかし、景観が私たちになじみの深いものになるにつれ、景観からの読み解きには、ますます注意力が必要とされます。

本章の最初に示した写真をもう一度、見てください（図❻）。一見、アジアのどこにでもある農村景観の写真です。この景観からどのようなことを読み解くことができるかを次に考えてみましょう。

*10 この節以降の記述は、以下の論考を基にしています。景観の読み解き、人的な要因、多様な主題図が地域区分図へと収斂するプロセスについて関心のある方はそちらを参照してください（柳澤雅之「多様性から読み解く地域像――ベトナム紅河デルタの自然と人の関わり」谷川竜一・原正一郎・林行夫・柳澤雅之編著『相関地域研究3　衝突と変奏のジャスティス』青弓社、二〇一六年、二一二―二二六頁）。

読み解きはひとつではない

図❼の写真もそうでしたが、景観から読み解くことができる事柄は実はひとつとは限りません。別の人が見ればまた別のアイデアが浮かびます。実際、共同でフィールドワークを行い、同時に同じ景観を見ていても、研究者ごとにその読み解きは異なります。本書の、あるいは、本シリーズのといってもよいのですが、フィールドにおける読み解きの手法とは、あたかも何らかの正解があり、いかにしてそこに最短で到達できるのかを示そうとしているわけではありません。読み解きの手法も結果も千差万別です。私たち研究者の読み解きの試行錯誤のひとつのプロセスを読者と共有し、課題や関心事に即して研究者がどのような論理とアイデアで読み解きをしているのかを示し、最終的には、景観観察を通じた地域理解の一助になればよいと考えています。

ベトナム農村の景観観察

さて話をもどします。ベトナムの農村景観の写真から、どのような観察が可能でしょうか。

まず、全体的に見えているのは水田です。遠方のほうからズームインしてみると、一番奥に見えるのは木々のようです。家屋敷も見えます。林の中に集落があるのか、集落の中に林があるのかは判然としませんが、両者が混然一体となっています。

そのすぐ手前に、高さ一～一・五メートルほどの作物が栽培されています。よく見ればトウモロコシやキャッサバが植えられている畑地のようです。

今度はズームアウトしてみます。畑地から写真手前のほうにかけて水田が広がっているのがわかります。水田を全体的に見てみると、直線的な畔が左手方向から奥のほうに伸びていますが、写真手前の水田の畔はガタガタに曲がっていることがわかります。また、写真奥の水田の方が方形で整然としているのに対し、写真手前の水田は方形ではなく、また、水につかっているような水田さえ見られます。

ズームインしてみて水田の中の稲の生育状況を観察すると、全体的にそれほど大きな違いはありませんが、よく見ると、圃場ごとによって多少、稲の生育段階が異なるようです。ひとつの畦畔に囲まれた圃場の中で生育状態の異なる稲が短冊状に並んでいることも観察できます。

ベトナム農村景観の読み解き①屋敷地と樹木

こうした観察から、景観の読み解きを進めてみましょう。まず木々に囲まれた屋敷地についてです。図❽は、中央に池のあるベトナム農村の屋敷地の景観です。建物の周りが樹木で覆われています。植えられているのは観葉植物か有用植物です。写真ではわかりにくいですが、バナナやマンゴー、リュウガン、アレカヤシなどの果樹類のほかに、トウガラシや香菜類、マメ類など、多種多彩です。果樹は、季節に応じ

図❽　ベトナム紅河デルタ農村の屋敷地林（2012 年 9 月撮影）

て収穫を楽しむことができますし、野菜類は、日々の調理に欠かせません。盆栽に仕立てた観葉植物もまたベトナム農村ではよく見かけます。

また、デルタで見かけることは少ないですが、山地部の村では、家具や家の建材とするための樹木を庭先に植えておき、子供が成長したときに切り倒すこともよく行われています。このように、利用可能な果樹や野菜、その他有用樹が農家の庭先で大事に育てられています。[*11]

そして、これらの果樹や野菜が植えられているのは農家の庭先で、ちょうど生垣のように、表の道路と屋敷地とを区別するところに設けられています。屋敷地林は、外から内側の様子を覆い隠す役目も果たしているわけです。そのため、家の外、あるいは、集落の外から見れば、まるで森の中に家が建てられているかのような景観になるわけです。[*12]

ベトナム農村景観の読み解き②畑地と野菜

屋敷地と接するように畑地が広がっていました。図6ではわかりませんが、畑地の中に作物残渣が見つかれば、前作に植えられていた作物を推定することもできます。また、さまざまな種類の野菜が栽培されていることもわかります。図9は、近くの別の村で撮影した写真ですが、葉菜類のような野菜は一般に生育期間が短く、多種類の野菜を順次、播種時期を変えながら栽培します。また、野菜栽培では水やりを頻繁に行う必要もあります。肥料や農薬、病虫害

*11
農家の庭先に多様な有用植物を栽培することはベトナム特有の事情ではありません。それは東南アジアの多くの地域でよくみられる景観です。中でもインドネシアでは、現地でプカランガンと呼ばれる屋敷地林が発達していることでよく知られています。

*12
アフリカの農村において、森林が人間の居住地周辺によく残されている景観は、開発の過程で森林が徐々に開拓され森林が残されたのではなく、人が利用しながら森林が維持されているためだとする研究もあります (Fairhead, J. and M. Leach, *Misreading the African Landscape: Society and Ecology in a Forest-Savanna Mosaic*, Cambridge University Press, 1996)。

の管理にも気を使わなくてはなりません。栽培のためにかなりの労働力が必要とされますので、屋敷地にほど近いこれらの圃場は野菜栽培に適した圃場だといえそうです。

さらにズームインしてみると、水田と異なり、畑地には水が湛えられているわけではありません。土壌も水田と異なり、砂質だということがわかります。あまりにも砂質にすぎるとよくありませんが、粘土と砂が適度に混ざった土壌を持つこれらの圃場は、土から見ても野菜栽培に適した土地だということが言えます。

ベトナム農村景観の読み解き③低地と水田

屋敷地から畑地を経て、写真手前にかけて広大な水田が連続していることがわかります。水田を俯瞰的に観察してまず気がつくのは、傾斜です。屋敷地に近い方の水田から、写真手前の方にかけて、緩やかに傾斜していることが、水の流れや圃場での湛水深からうかがい知ることができます。

さらにこの傾斜は、屋敷地や畑地とも連続していることがわかります。すなわち、もっとも標高が高いのは屋敷地周辺で、次いで、畑地・野菜栽培地、そして水田の順に低くなっています。水田の中でも、畑地に近い

図⑨　屋敷地に接する圃場での野菜栽培（1996年2月撮影）

方の水田が高く、写真手前にかけてずっと低くなっていることがわかります。

水の流れから推定されるこのわずかな標高の違いは、水田の形状や稲の生育状況にも影響を与えます。現場で観察していると、標高の高い高位田のほうが稲の稈高も高く、先に移植されたことがわかります。高位田に先に水を流し、代掻き・移植を先に済ませ、その後、低地にある低位田での作業にかかったことがわかります。低位田ではかなり湛水深もあり、移植された稲がほとんど水につかったような状態にあることから、高位田や中位田での生産が優先され、低位田では十分な生産があげられない可能性があります。あるいは、低位田での水位を写真ほど高い位置に保って初めて、中位田や高位田での水不足が起きないという配慮がされているとも考えられます。

また、水田の景観をさらにズームインすると、同じような標高に位置する水田でも、異なる生育状態の稲が栽培されていることがわかります。圃場の形状や水条件が同じであるにもかかわらず、稲の生育段階が異なるということは、世帯ごとに土地を分けて利用していることが考えられます。ひとつひとつの圃場のサイズが大変小さいことから、一世帯が利用する土地も非常に細分化されていることがうかがえます。すなわち、自然環境の小さな差異に適応しているというよりも、村の中のなんらかの社会的な理由によって細分化が行われ、こうした景観を作り出していると考えられます。

景観観察での読み解きの直接的な効用

景観観察で得られたこれらの読み解きから、どのような作物を、どのような時期に栽培しているのか、どういった農機具が使われているのか、世帯ごとにどのような土地で耕作しているのかといった営農システムに関する多くのことを想像することが可能です。そして、そのことは、村で話を聞くときに、大いに参考になります。村の人と共通の農村景観を頭の中に描きながらお話を聞くことで、インタビュー調査から得られる情報は格段に増えます。

もちろん、景観観察だけで読み解き（あるいは研究）が完結するものではなく、村での聞き取りや、実際の土地利用図、統計、その他さまざまな資料と合わせて、総合的に村の景観を読み解いていきます。そうした知識を蓄積しつつ、課題となっている事柄を明らかにしていくことになります。

景観観察での読み解きの利用

農村景観の読み解きは、その後の村でのより詳しい調査の際に役に立つと述べました。しかし、農村景観で得られた知見がさらに大きな意義を持つことがあります。

これまで、一枚の写真に写された一つの農村景観の読み解きについて述べてきました。実際のフィールドワークでは、こうした景観観察を他の村でも同様に行っています。異なる農村景観にはまた異なる読み解きが可能ですので、フィールドワークを重ねるにつれ、そうした読み解きの記録が蓄積されていくことになります。それにより、広域の比較が可能となり、村を越えて共通する点に気づくことがあります。そして、ひとつの農村景観の読み解きが、その場の景観にのみ当てはまる事柄ではなく、地域を越えたより普遍的な読み解きとすることが可能ではないかというアイデアが生まれることになります。

村の景観観察から地域の理解へ

もう一度、先ほどの写真（図6）の読み解きを振り返ってみましょう。写真の奥から手前にかけて、家屋敷、畑地、水田と続いていました。水の流れから、その順に標高が低くなっていくことがわかりました。さらに調査を進めると、この農村の近くを大きな川が流れているのですが、歴史上、何度も氾濫し、そのたびに大量の土砂を盛り上げ、自然堤防と呼ばれる地形を形成していることがわかりました。そして、その自然堤防上に集落が立地していることもわかりました。デルタという全体的に低平な地形の中で、自然堤防は相対的な高みであり、いったん形成された自然堤防上は、その後の河川氾濫時でも水につかる危険性が少なく、人びとにとって比較的安全な居住空間となります。そして、自然堤防から続く低地には、粘土を多く含む水田に適した土壌が広がっており、高みから低みにかけて、砂地の集落から、砂質の畑地、そして粘土の多い水田へと連続していたわけです。さらに、後述するように地形図を詳しく分析すると、自然堤防は大河川沿いに特に集中して発達していることがわかりました。

海岸沿いの農村景観

また別の写真（図⑩）を見てみましょう。これも紅河デルタ農村の景観ですが、今度は海岸沿いの農村です。高みにあるのはやはり集落と樹木です。その周りに水田が広がります。極端な場合、家屋敷はまるで水田の海の中に浮かぶ島状に点在しているように見えることもあります。ここでも、基本的には標高にそって家屋敷と水田が連続しています。

ただし、家屋敷が立地するのは自然堤防と呼ばれる地形ではありません。デルタの海岸部では、時に大きな砂洲が形成されます。河川による土砂を押し出す力や波によって押し戻す力、風力などのバランスにより、海岸線に沿って砂洲（砂丘列）が形成されます。そして、砂丘列と砂丘列の間は排水がむつかしい後背湿地と呼ばれる地形になります。写真に見られる集落は、砂洲上に立地しており、後背湿地

図⑩　砂洲の高みと後背湿地

海岸沿いの後背湿地では、水はけの悪い環境でも生育可能なタロイモが植えられることが多い（1998年12月撮影）。

で水田が造成されているわけです。また、後背湿地は砂丘列に挟まれているため、一般的には排水不良の地で、水稲生産力もそれほど高くはありません。そのため、図⑩のように、湿地でも生育可能なタロイモが植えられていることがよくあります。すなわち、地形形成のメカニズムは異なるものの、高みに屋敷地があり、低みに水田が形成されるという意味においては、先ほどの自然堤防地帯と同様の立地環境にあるといってよいことになります。

景観に共通点を見出す

フィールドワークによってこうした知見が積み重ねられ、紅河デルタのその他の地形でも同様に、高みに集落、低みに農地という組み合わせが多くみられることがわかりました。ただし、高みと低みが形成されるメカニズムは地域によって異なること、それぞれの地形で、独特の土地利用が見られることもわかってきました。すなわち、畑地や水田を中心とする土地利用とそれを反映した生業体系、そして屋敷地の立地は、デルタのさまざまな地形と密接に関係していることがわかりました。

モデルと地域区分図

これまでの考察で、ベトナム紅河デルタの農村景観を読み解くひとつのキーとして地形が重要であるということがわかりました。フィールドワークによって得られたこの知見が、ひとつの村やひとつの景観だけでなく、紅河デルタ全体にも適用可能な知見であることが、フィールドワークを通じた広域の比較調査によって明らかになりました。では、そのことを、どのように示すことができるでしょうか。

そのひとつの方法がモデルの提示です。地域像をひとつのモデルとして提示するのです。モデルの提示の仕方はさまざまです。数値モデルのように、何らかの数式で表現されるモデルがありえます。また、ひとつの模式図として提示することも可能です。言葉で抽象的に表現することもあります。いずれにしても、さまざまな情報を基に、あまりにも細かい個々の事例や例外を時には捨象してでも、最終的に総合的判断を下してひとつのモデルとして提示します。

本書で考えている農をめぐる活動や農村景観の読み解きに関していえば、農村景観を全体として捉えたときに表現されるモデルをどのように表示するかということが課題になります。そのひとつに、地域区分図があります。それは人体図のように、特徴をもった単位が地域の中でどのような位置づけにあるのかを示した図です。

では、地域区分図はどのように作成できるでしょうか。そしてその際に、農村景観の観察のような現地調査で得られた知見をどのように反映させることができるでしょうか。

郵便はがき

料金受取人払郵便

左京局
承認

2176

(差出有効期限
2020年12月31日
まで)

606-8790

(受取人)

京都市左京区吉田近衛町69
京都大学吉田南構内

京都大学学術出版会
読者カード係 行

▶ご購入申込書

書　　名	定　価	冊　数
		冊
		冊

1．下記書店での受け取りを希望する。

都道　　　　市区　店
府県　　　　町　　名

2．直接裏面住所へ届けて下さい。

お支払い方法：郵便振替／代引　　公費書類(　　)通　宛名：

送料　ご注文 本体価格合計額 2500円未満380円／1万円未満：480円／1万円以上：無料　　代引の場合は金額にかかわらず一律230円

京都大学学術出版会
TEL 075-761-6182　学内内線2589 / FAX 075-761-6190
URL http://www.kyoto-up.or.jp/　E-MAIL sales@kyoto-up.or.jp

お手数ですがお買い上げいただいた本のタイトルをお書き下さい。

（書名）

■本書についてのご感想・ご質問、その他ご意見など、ご自由にお書き下さい。

■お名前

（　　歳）

■ご住所

〒

TEL

■ご職業

■ご勤務先・学校名

■所属学会・研究団体

■E-MAIL

●ご購入の動機

A.店頭で現物をみて　B.新聞・雑誌広告（雑誌名　　）

C.メルマガ・ML（　　）

D.小会図書目録　E.小会からの新刊案内（DM）

F.書評（　　）

G.人にすすめられた　H.テキスト　I.その他

●日常的に参考にされている専門書（含 欧文書）の情報媒体は何ですか。

●ご購入書店名

都道府県　市区町　店名

※ご購読ありがとうございます。このカードは小会の図書およびブックフェア等催事ご案内のお届けのほか、広告・編集上の資料とさせていただきます。お手数ですがご記入の上、切手を貼らずにご投函下さい。各種案内の受け取りを希望されない方は右に○印をおつけ下さい。　案内不要

図⑪　ベトナム紅河デルタの地域区分図

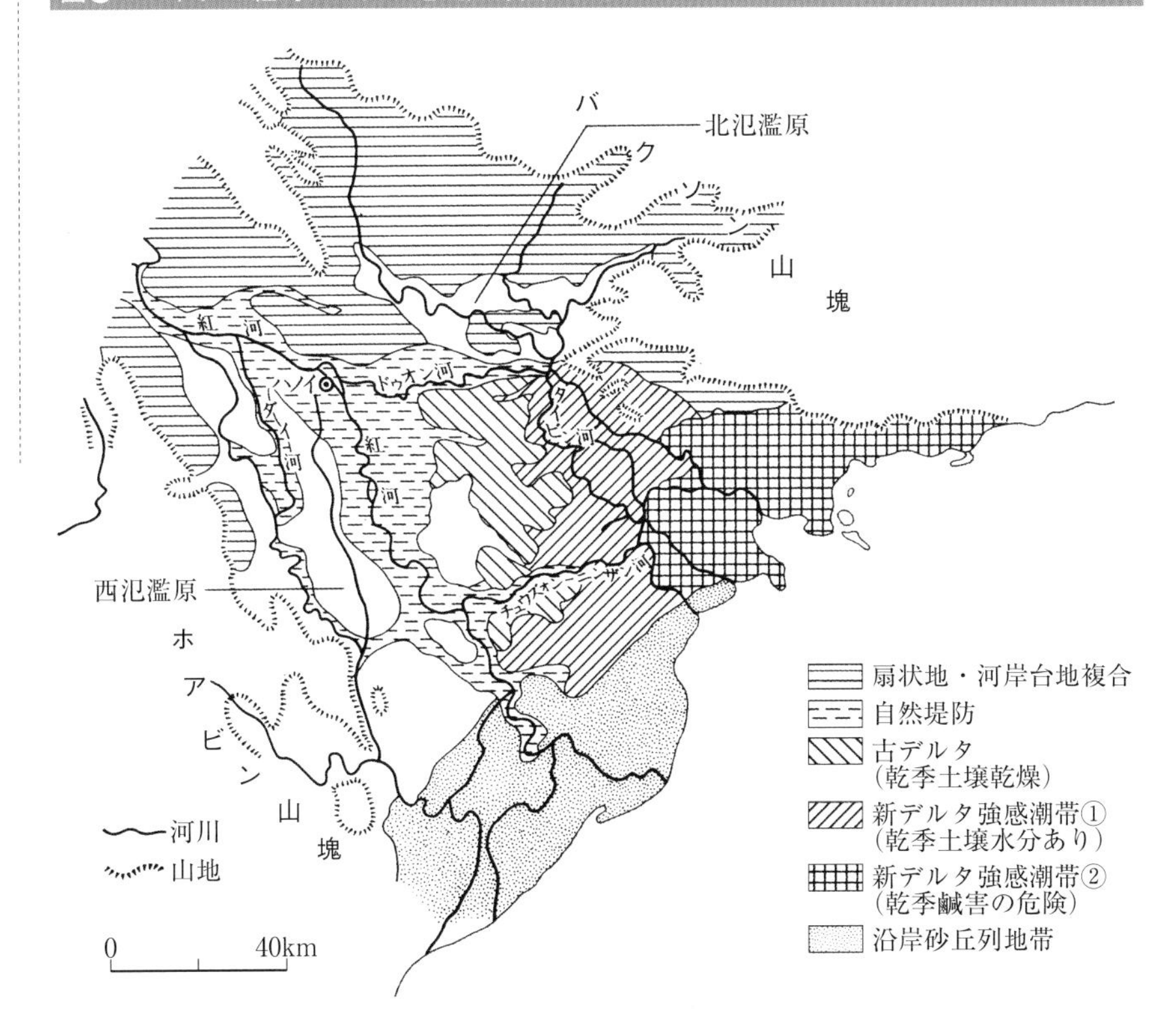

出典：桜井由躬雄「ベトナム紅河デルタの開拓史」『稲のアジア史２　アジア稲作文化の展開
——多様と統一』小学館、1987 年、241 頁。

地域区分図の作成と現地調査

図⑪はベトナム紅河デルタの地域区分図です。[*13] 大きな河川上に自然堤防が発達し、沿岸には海岸線と並行した砂丘列を特徴とする地域区分が描かれています。

この図の作成には、さまざまな情報が基になっています。具体的には、地形図や土壌図、河川流域図、地質図、土地利用図などです。これらの図は主題図と呼ばれます。なんらかのテーマ（主題）ごとに地図化したものだからです。すなわち、地域区分図は何枚もの主題図が重ね合わされることで作成されています。

しかし、多数の主題図を機械的に重ね合わせれば自動的に地域区分図ができあがるものではありません。地域の特徴の形成に、主題図で示された主題が同じ程度に影響しているわけではないからです。そのため、地域区分図を作成するには、どの主題図がどの程度より重要であるかを判断し、主題図の重ね合わせの際に重みづけをする必要があります。その際に決定的に重要なのが、フィールドワークで得た知見になるわけです。

＊13　タイのチャオプラヤデルタの地域区分図を基にした、標準的なデルタの模式図は図12のようです。ベトナム紅河デルタの地域区分図と比べて、抽象度の度合いがもう一段高いモデルとなっています。

図⑫　デルタの模式図

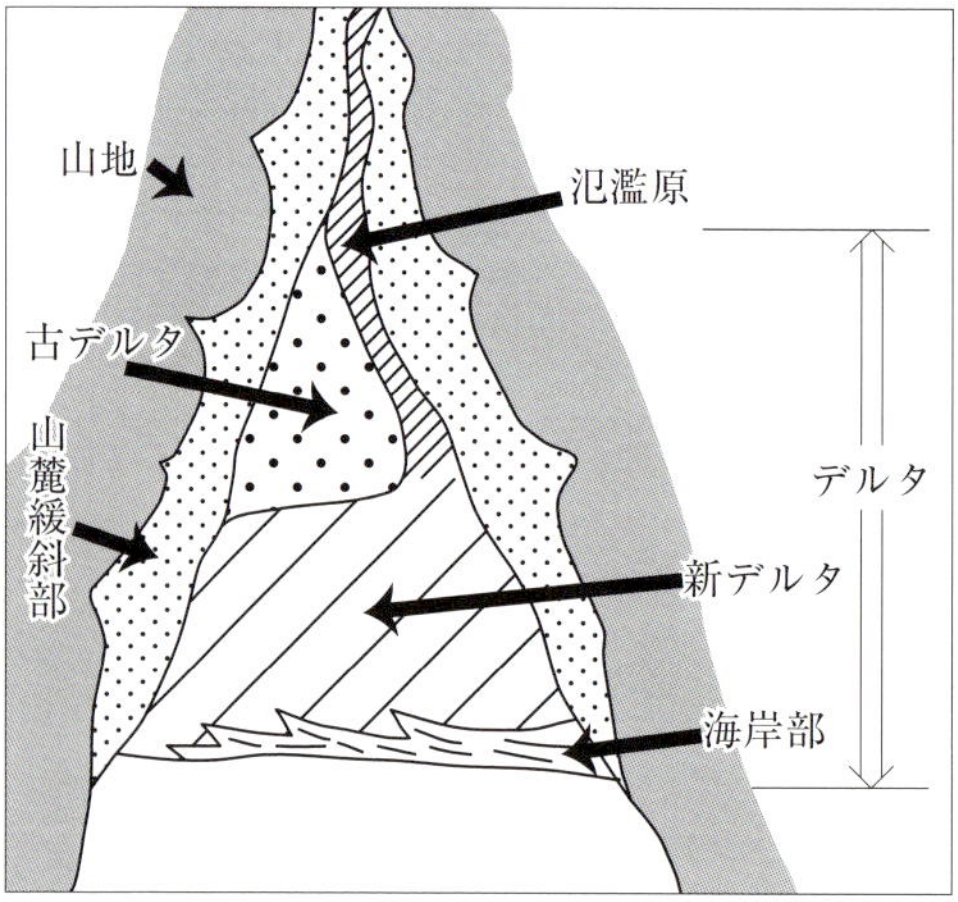

山地
氾濫原
古デルタ
山麓緩斜部
デルタ
新デルタ
海岸部

出典：高谷好一『熱帯デルタの農業発展——メナム・デルタの研究』創文社、1982年、12頁。

ベトナム紅河デルタ地域区分図の作成

ベトナム紅河デルタ地域区分の基になった主題図（地形図、かんがい排水図、土壌図、雨量図）を並べてみます（図⑬⑭⑮⑯）。それらと地域区分図を比較してみると、土壌図やかんがい排水図などよりも、地形図の特徴が地域区分図によく表れていることがわかります。これは、先に写真からの農村景観の読み解きで示したように、現地調査によって、集落の立地や土地利用を決定する要因として地形の重要性を見出し、地域区分図を作成する際に地形の要素を大きく取り込んで作成したからです。

東南アジアの農業と地形

地形が重要な要因だということは、実は東南アジアの他のデルタでもあてはまることでした。東南アジアのデルタは、そもそも標高が低いところに形成され、低平な地形の上に、その大部分で水稲が栽培される単調な景観が形成されているように見えます。しかしよくよく観察すると、実際には、地域ごとの地形形成のメカニズムに応じてさまざまな土地利用が行われていました。土地のわずかな高低差を利用して、屋敷地、畑地、水田を作り分け、同じ水田の中でも、畦畔で区切ったり、水路を建設したりして、水条件を均一にしたり、社会的な平等を達成するために小面積の水田に細かく分けるなど、さまざまな工夫を農村景観の中に見て取ることができます。

図⑬　ベトナム紅河デルタの地形分類図

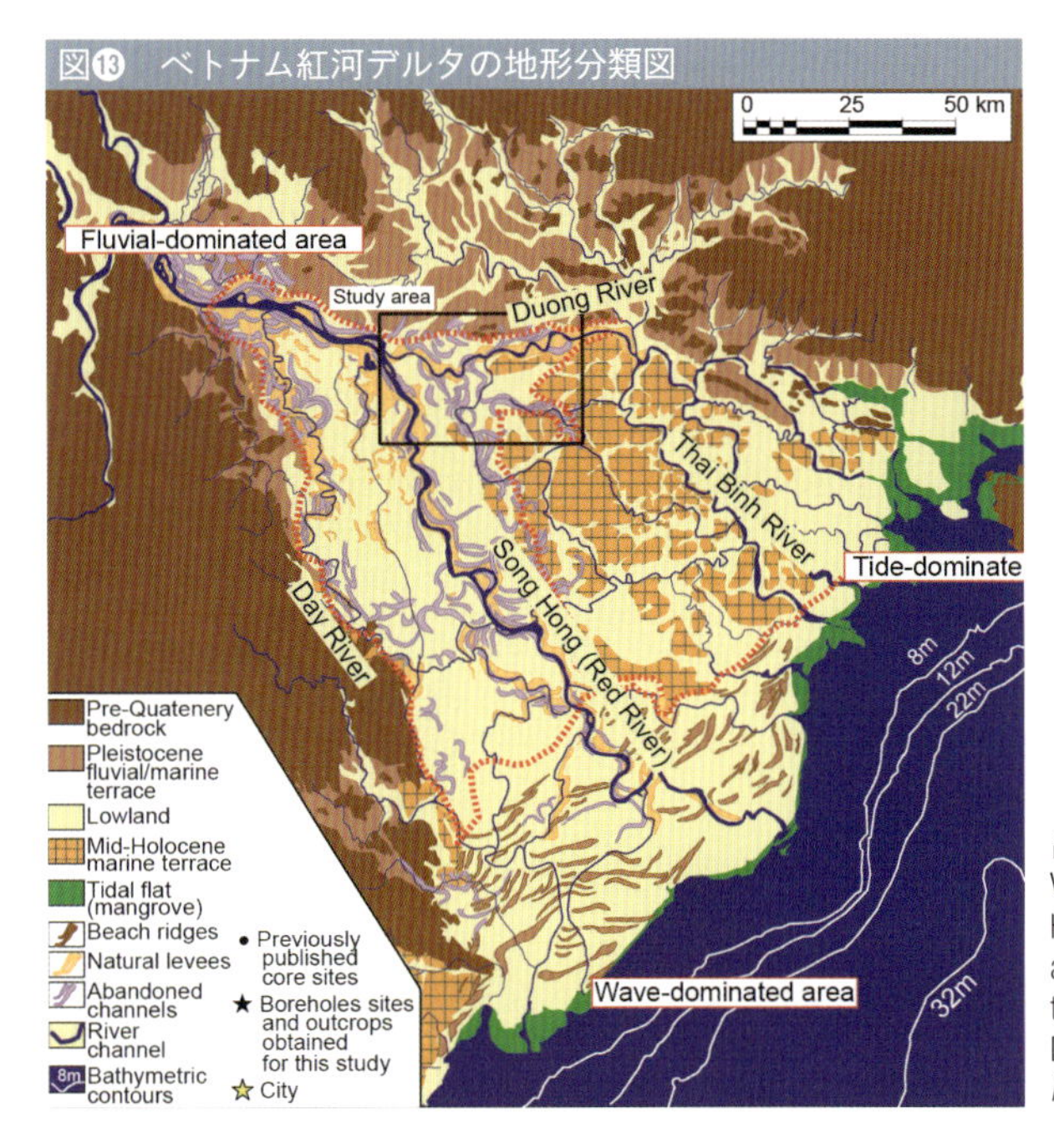

出典：Funabiki, A., Saito, Y., Vu Van Phai, Nguyen Hieu, Haruyama, S., "Natural Levees and Human Settlement in the Song Hong (Red River) Delta, Northern Vietnam," *The Holocene* 22(6), 2012, p. 648.

図⑭　かんがい排水が整備された土地面積割合を示した主題図

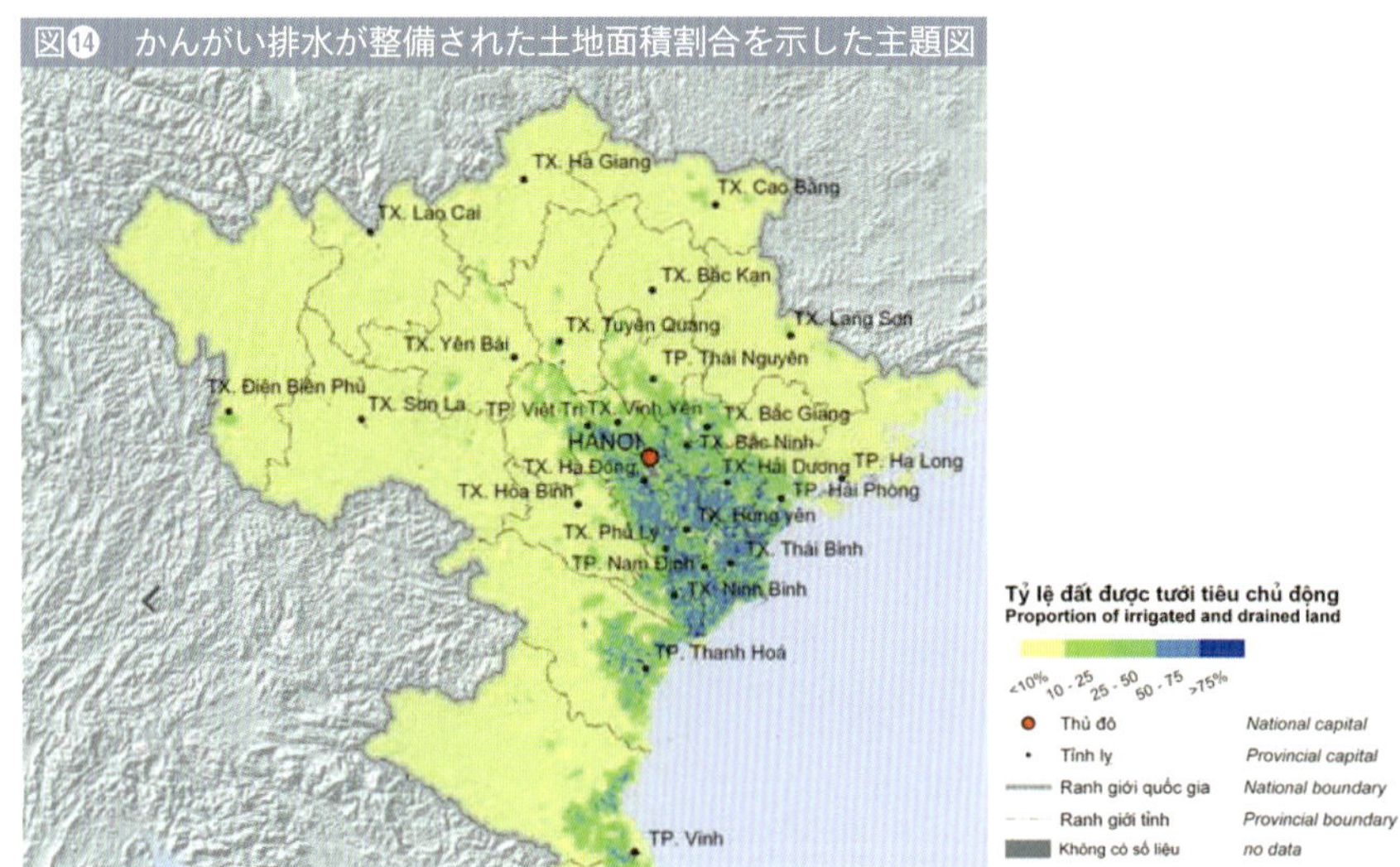

出典：Epprecht, M. and Robinson, T.P. (Eds.), *Agricultural Atlas of Vietnam. A Depiction of the 2001 Rural Agriculture and Fisheries Census*, Pro-Poor Livestock Policy Initiative (PPLPI) of the Food and Agriculture Organization (FAO) of the United Nations and General Statistics Office (GSO), Government of Vietnam, 2007, p. 71.

図⑮　ベトナム北部の土壌図

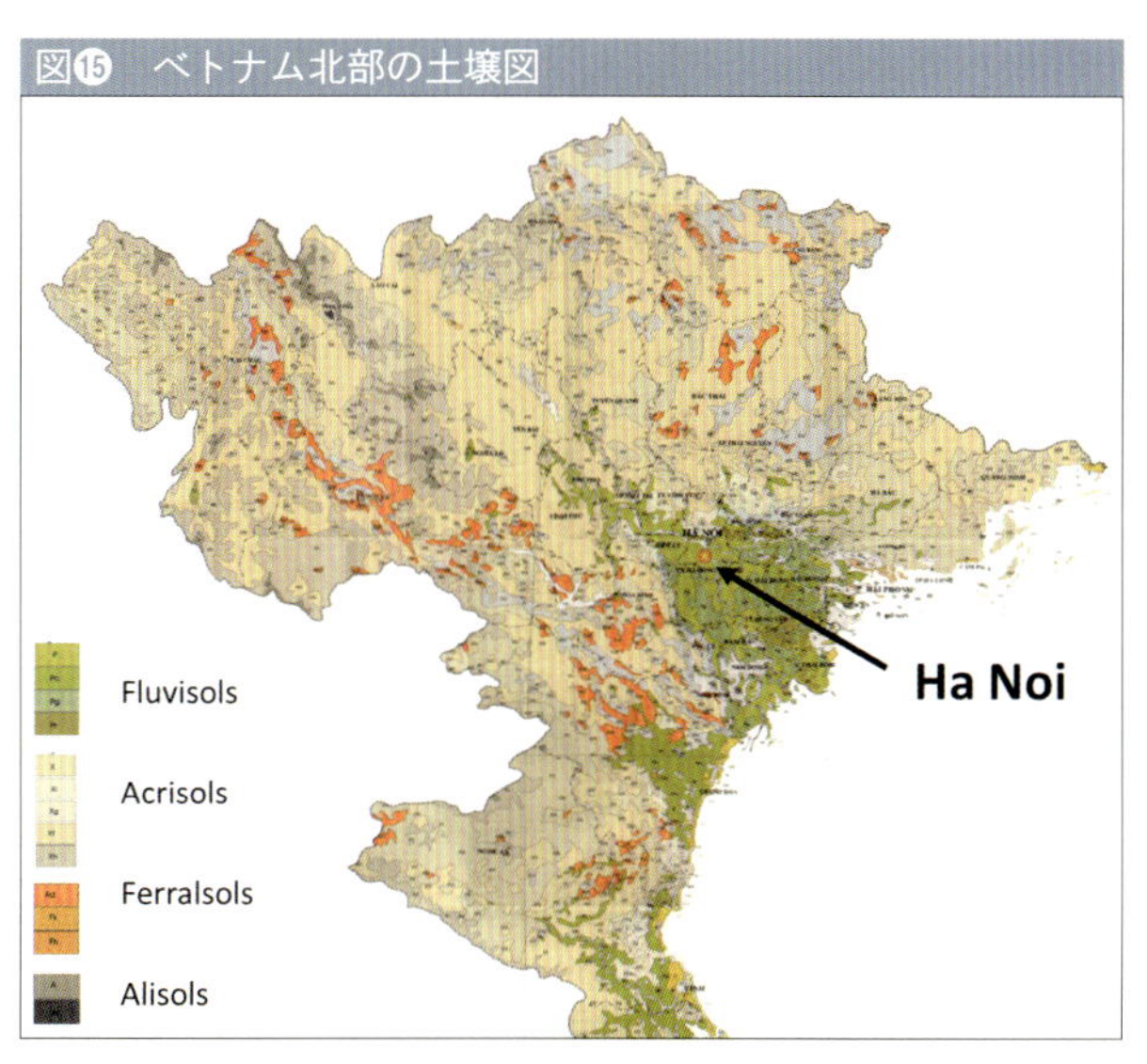

出典：Hoi KH Dat VN-Vien qui hoach TKNN (Nhom bien tap), Soil Map of Viet Nam.

図⑯　ベトナム北部の年間雨量分布図

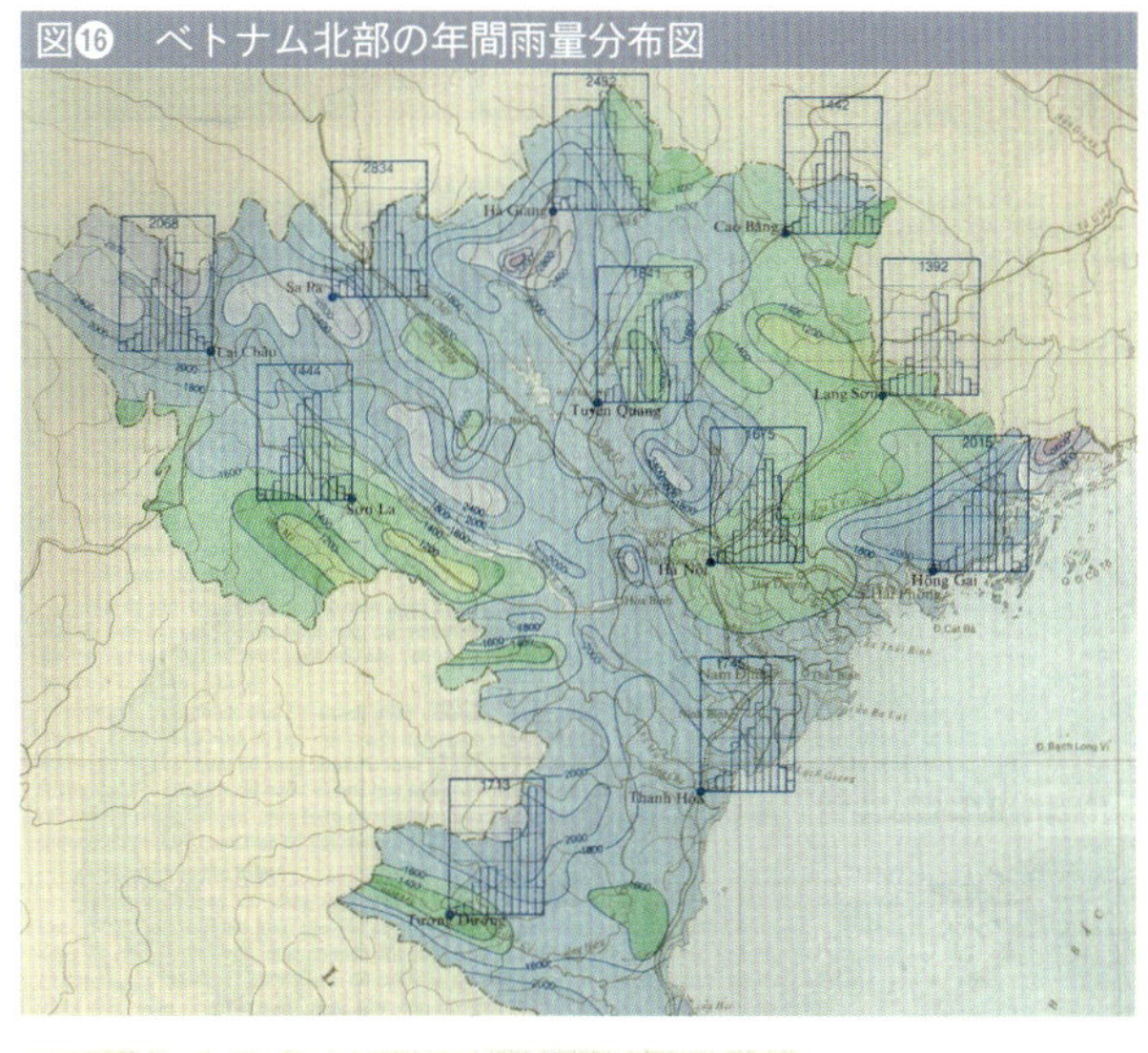

出典：Vietnam National Committee for IHP, *Vietnam Hydrometeorological Atlas*, 1995, p. 32.

人と自然の関わりを読み解く

本書の冒頭で述べたように、農の活動はそもそも、人と自然の関わり合いの中で生まれます。人類が誕生するはるか以前から、自然の中では、資源やエネルギーが循環し、蓄積もされてきました。やがて人類が誕生し、特に農耕を開始するようになって以降、人は自然を大いに利用し、それにより自然が改変され、改変された自然をまた人が利用するという、相互関係が生まれてきました。農の活動とは、人間が、自然界がこれまでに蓄積してきた資源そのものと、資源・エネルギーの循環のメカニズムを利用することによって成り立っている活動です。この場合の資源とは、石油や天然ガス、石炭や鉱物のように、蓄積されるのに数千万年単位の時間が必要とされる資源だけでなく、森林に毎年堆積する落ち葉や植物遺体によって形成される腐葉土、薪となる枯れ木など、数年から数十年単位の時間が必要な資源もあります。また、土壌も長い年月をかけて生成されますし、遺伝資源のように、生物の生存の歴史が遺伝子として蓄積されるような資源もあります。私たちが農の営みとして利用する農作物は、そもそもは自然の状態（いわゆる野生）から、人間が利用するために人為的に選抜されたものです。すなわち、農にまつわる活動とは、自然界がこれまでに蓄積してきた資源を利用することで成り立っているわけです[*14]。

さらに、農の活動は、自然の持つ資源・エネルギーの循環のメカニズムを大いに利用しています。具体的には、水や大気の循環、有機物が生み出され分解

＊14　資源の枯渇が問題となっていますが、資源が蓄積されるのに要する時間と、人間がそれを消費する時間との差が問題となります。石油だけでなく、さまざまな資源について同様のことがいえます。

される周期（サイクル）など、さまざまな循環のメカニズムを利用していま す。農の活動の場合、一年単位の循環のメカニズムを利用することが多く、そのサイクルでシステムが形成されています。[*15] このサイクルも、長い歴史の中で形成されてきたものです。すなわち、人と自然の関わりは、人類史をはるかに超える長い時間が前提になっているわけです。

*15
一年を周期とするサイクルが前提とされている農業生産の場合、一年を超える長期の変化は、人間にとってはむしろ、システムを不安定化させる要因だと考えられています。

自然の精緻な利用を読み解く意義

そうした、人と自然の密接な関係、もっと言えば、私たちが自然のこれまでの蓄積に大いに依存していることを、農村景観の中に読み解くことが可能です。農村景観がごく身近なもので、まさに農村景観の中で生活を営んでいた時代には、資源の蓄積の歴史や、資源・エネルギーの循環を人間は肌で感じることができたでしょう。しかし、農村景観がますます少なくなりつつある現在、残された景観を注意深く眺め、自然と人の長い関わりを思いやることのできる目と心を養うことが、研究者だけでなく、都市に住む多くの人に求められるように筆者には思えます。なぜなら、農村景観の読み解きは単なる研究手法のひとつなのではなく、読み解きによって得られる知見が、将来にわたって私たちが依拠すべき、自然と人間の関わりのあり方を考える重要な基盤となるからです。

第3章　社会の制度と文化の歴史を読み解く

景観の中には、歴史が埋め込まれています。特に農村景観は、農に関する人間の営みが、景観のさまざまな要素を形作っています。農村景観の読み解きとは、その歴史を読み解くことです。第2章では、自然の精緻な利用の読み解きを考えました。そして、自然が長い歴史の中で蓄積してきたメカニズムや資源を人間がうまく利用していることを述べました。本章では、人間が農耕を始めた一万年前からの歴史を読み解くことを考えます。この一万年間は、特に人間の関わりが大きくなり、人間が組織的・制度的に自然を利用するようになった結果、自然が大きく改変された時代でした。そして、そのことが人間の生活にもまた大きな影響を及ぼすようになっています。本章では、農村景観に埋め込まれた人間の歴史の読み解きについて考えます。

インドネシア・スラウェシの農村景観から

本章でも一枚の写真から話を始めましょう。図⑰はインドネシア・スラウェシ島にて、筆者が二〇一七年一〇月に撮影した農村の写真です。図（写真）からは、かんがい水路が整備され、水田も方形によく整備されていることがわかります。ちなみに、鳥瞰図として、Googleの地図を示しました（図⑱49頁）。これを見ても、直線的なかんがい水路や方形の圃場など、圃場整備がなされた水田地帯だということがよくわかります。また、道路は交差し、家々が碁盤の目状に整備された区画に集中しているなど、あたかも都市のように整然と整備されていることがわかります。現地調査を行うと、これらの集落では、家周りにたくさんの果樹や野菜が植えられており、中でも、自家消費用の野菜栽培はとても丁寧に行われていて、農業技術が異なることがよくあります。話ことばも地元の人たちと異なるようです。すなわち、第2章で題材とした古くからあるベトナム農村と異なり、ある明確な意図をもって比較的近年、人為的に設計されてできた農村景観であることがわかりますし、インドネシアの農業・農村についての知識があれば、こうした集落の景観は、政府主導型で、ジャワ島からの移民を対象とした典型的な開拓移住村の農村景観であることがすぐに想定されるでしょう。

さまざまな資料から景観を読み解く

ところで、歴史を読み解くと書きましたが、景観観察だけ

図⑰　インドネシア・スラウェシの水田景観。田植えの最中（2017年10月撮影）

で歴史を時系列に沿って読み解くことは実は至難のわざです。景観を構成する要素の中には、古いものも新しいものも入り混じっているからです。過去を読み解くには、当然、遺跡からの出土品や歴史文書など、考古学や歴史学の知見が必要となります。また、どのような社会的・経済的な制度の下で農業生産が行われ、そのことが、どのように農村景観を形作ってきたのかを理解する必要もあります。さらには、儀礼や祭礼などと密接に関連する農業生産や農村景観を理解するには、フィールドワークなどを通じて、そうした文化のもとで、どのような農業生産が行われているのかを実際に知ることも重要な手掛かりになります。

フィールドノートの利用

景観形成の歴史の読み解きにあたって、景観の変遷が時系列に沿ってわかれば、大きな手掛かりになります。そのために、これまでは、撮影時期のはっきりとした衛星画像や航空写真などのビジュアルな資料のほかに、文字で書かれた旅行記や行政文書、歴史文書などが使われていました。ただし、これらの資料はそもそも、農村景観の記述を目的としていたわけではありませんので、農村景観の変遷を時系列に沿って知るには他の資料とも合わせて利用する必要があります。

過去の景観を知るさらに直接利用可能な資料として、景観観察をした記録が

図⑱　インドネシア・スラウェシの開拓移住村の Google マップによる鳥瞰図

蛇行する河川、方形の集落の区画が見える（2019 年 3 月 5 日アクセス）。

あります。それは、研究者が現地調査の際に記録するフィールドノートです。東南アジアでも日本でも、特に二〇世紀後半以降の農業・農村の変化は著しく、農村景観はどんどんと変わってきました。そのため、今ではもう見られなくなったかつての農村景観を復元するひとつの重要な資料として、研究者によるフィールドノートの記録が重要な資料となってきました。*16 本章では、景観に埋め込まれた歴史を読み解くにあたって、高谷好一（京都大学名誉教授）が残したフィールドノートを利用してみましょう。*17

高谷好一フィールドノート

図⑲は、京都大学東南アジア研究センター（現在の京都大学東南アジア地域研究研究所）の教授であった高谷好一が残したフィールドノートの例です。高谷は現地を車で移動しながら景観を観察し、ノートやカードに記録しました。記録された主な項目は、地形や植生、土壌、水条件、土地利用、営農体系、農具・漁具など、自然環境条件や農林漁業に関わる景観のほか、家の形や人びとが話す言葉、移住の様子、神話など、多岐にわたります。また、記録されたのは景観を観察して見出したことだけでなく、ところどころ車を停めては地元の人に話を聞いたインタビューの内容もあります。町につけば、管轄する地方行政の長や担当者を訪れ、その地域全体の概要や各種プロジェクトについて聞いた話を記録として残しています。*18

＊16
日本では、第二次大戦後の急激な変化を残した、宮本常一の民俗学的調査の記録が大変貴重なものとしてよく知られています。宮本常一（一九〇七―八一）は柳田国男（一八七五―一九六二）と並ぶ、日本を代表する民俗学者です。日本各地をくまなく歩き、インタビューなどの調査記録に加えて、撮影された膨大な写真は、当時の日本の農村景観を知る第一級の資料となっています。宮本常一による景観の読み解きについては、香月洋一郎編著『景観写真論ノート 宮本常一のアルバムから』筑摩書房、二〇一三年などを、また、宮本自身の著作については『宮本常一著作集』（全五一巻＋別集二巻）未来社、一九六七―二〇一二年などを参照してください。

＊17
高谷好一（一九三四―二〇一六）。滋賀県守山市生まれ。一九五八年京都大学理学部卒業。京都大学東南アジア研究センター助手、助教授を経て、一九七五年から同教授。一九九五年～二〇〇四年まで滋賀県立大学教授。二〇〇四年から聖泉大学教授。二〇一三年瑞宝中綬章受章。『熱帯デルタの農業発展』（創文社、一九

インドネシア・スラウェシの土地利用の変化を読む

写真（図⑰47頁）に示したスラウェシの農村景観の読み解きに戻りましょう。筆者が撮影した地点のすぐ近くの農村景観に関して、高谷好一フィールドノートには次のように記録されていました。*19

１９８０年12月1日
83・4㎞：チガヤの原の中に点々と家がある。その1軒を見る。
①家。サゴヤシの葉で葺いている
②耕起を終えたばかりの畑。キャッサバ、トウモロコシと野菜を植えるという。
③屋敷内に植えてある木：カポック、バナナ、ナンカ、ドリアン、ココヤシ、コーヒー、パパイヤ、パイナップル。
④コーヒーなどを干すのか。空地。漁業をするのだろうか、大きな小糸網を干している。
⑤幹線道路
（ここで聞く）
1　自分はすぐ南の村にいたのだが、10年前にここに出てきた。10年間の間にまだ一度も水田を作っていない。トラクターを待っている間にいつも時間切れになってしまう。トラクターが無いなら鍬で耕してオカボを作ろう

八二年）、『東南アジアの自然と土地利用』（勁草書房、一九八五年）、『新世界秩序を求めて』（中公新書、一九九三年）、『世界単位論』（京都大学学術出版会、二〇一〇年）、『世界単位 日本 列島の文明生態史』（京都大学学術出版会、二〇一七年）、他多数。

*18 高谷の残したフィールドノートは次の文献にまとめられています（高谷好一『地域研究アーカイブズ フィールドノート集成Ⅰ〜8』京都大学地域研究統合情報センター・東南アジア研究所、二〇一二―二〇一四年）。また、フィールドノートの記録をオンラインの地図上で可視化したデータベースシステムは次のURLを参照してください。
http://fieldnote.archiving.jp/

*19 高谷好一『フィールドノート集成Ⅰ』、三二八頁より、一部、文字を修正。

Dec. 12 '80

Dec. 12,'80

Palopo より Malangke に行き、Palopo へ帰る。

7 時 15 分：Palopo 港出港。すぐ、四手網を下した bagan がいくつも現れる。

＊第 2 番目の川口 (*1)

① 川
② まだ高木の残る湿地林
③ マングローブ
④ 砂州の上の高木帯
⑤ エリ
⑥ 四手網を下した bagan

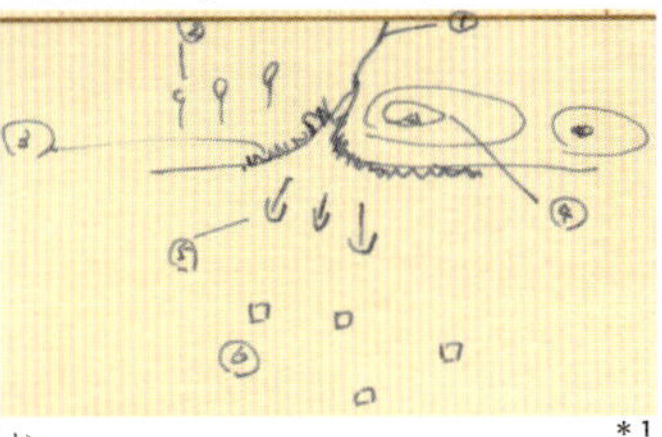

＊1

＊第 3 番目の川口。
ここにはエリは全く無い。
＊第 4 番目の川口。
これ Rongkokng 川の河口らしい。

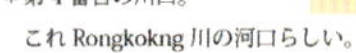

＊3

8：05　：第 5 番目の川口。Lamikomiko の集落あり (*2)。

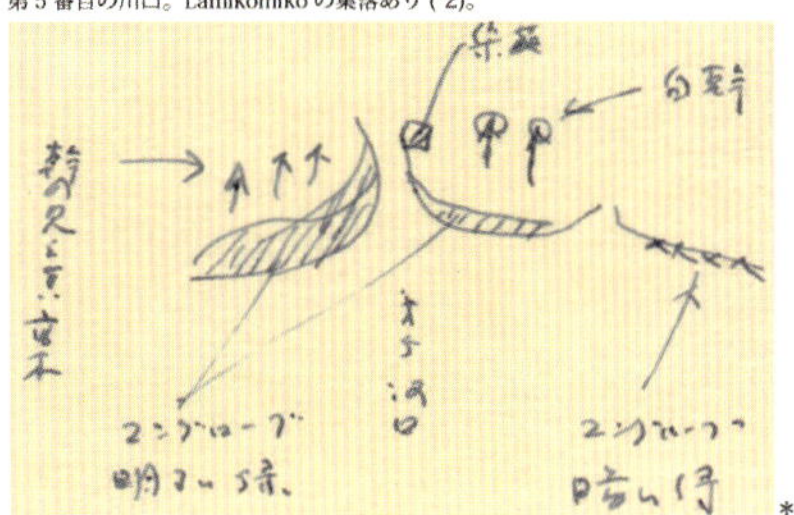

＊2

＊第 6 番目の川口。付近には高木が多い。

＊4

8：20　：波打ち際にはマングローブが続く。その背後にはココヤシが見える。

8：25　：第 7 番目の川。ここより川に入り、それを上る。川幅 70 m。水は黒い。そこで、稚魚採りをする人いる。川岸はマングローブで覆われている。その背後は empang らしい。

8：50　：Pao。ここで上陸 (*3)。この後、Kantor Camat に行き、聞く。

1　ここには 6 desa がある。西より Benteng, Malangke, Patiman, Pao, Pengkajoang, Cenis。
2　Kec. Malangke の面積は 800 平方 km、人口は 17,835 人、水田面積は 3349 ha, 園地は 2174 ha。焼畑はなし、海の empang は 2416 ha, 内陸の empang は 310 ha。
3　1 期作田がほとんどだが、2 期作田も 700 ha ある。これは、Pao に 200 ha, Pengkajoang に 500 ha ある。
4　Pao の 2 期作田は一部が pasang surut, 一部が desa 灌漑の田。Pengkajoang の 500 ha の内の半分は pasang surut、残りの半分は desa 灌漑の田。　Pasang surut 田は Pengkajoang と Pao にしか無い。
5　この kecamatan には直播水田は無い。全て移植田。
6　Pasang surut 田の本田準備は rakkala と 2 種類の salaga で行う。rakkala のことをここでは salaga tekko という。Salaga は始め歯の少ない salaga uttu を掛け、次に歯の多い salaga sempereng を掛ける (*4,5)。

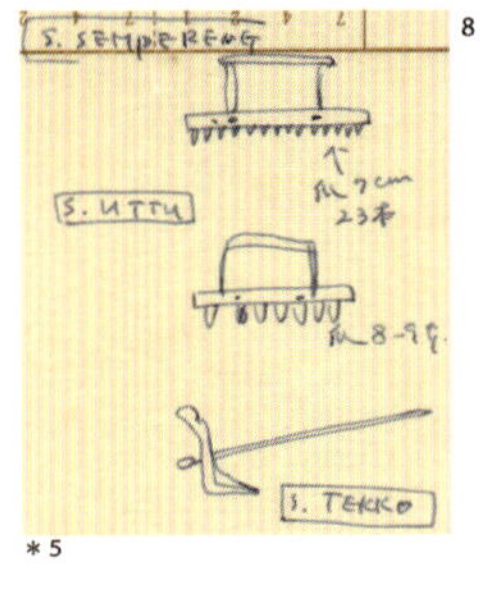

＊5

出典：高谷好一『地域研究アーカイブズ　フィールドノート集成 I』2012 年。

図⑲　高谷好一フィールドノートの例

Dec. 11 '80

8　1970年に新品種が入って来た。その後も田拵えはmangginda だ。

9　ここは天水田だから雨を待って田ごしらえをする。雨が遅れても2月には植えることが出来る。この10年間で雨が来なくて植えられなかったという年はない。でも万一そんなことが起こったら、Rongkong川沿いにオカボを作る積りだ。上記の地点のすぐ近くで、やや砂質な所。Rongkong川の旧水路が作った自然堤防の縁辺らしい。

そこで聞く (*7)。

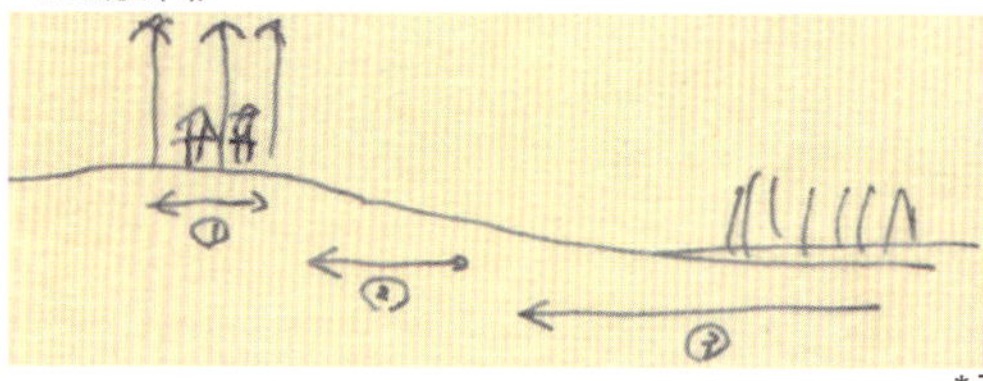

＊7

① 砂地盤でココヤシのある屋敷地

② 毎年耕作する畑。Rongkokng 語では bela という。Pare bela を植える。畦は作らない。Parang で草を払うだけで点播する。収量は③の水田より高い。

③ カヤツリグサが旺盛に生えている田。水田としては1等地。これを1等地とするのは、ここでは作業がしやすいから。Mangginda を行い、指で植える。ここは tampan という。Tampan とは Rongkong 語で sawah（水田）のこと。

1　苗代は②と③の境付近に陸苗代にすることが多い。水苗代は無いことはないが、好まれない。理由は成長が遅いのと引き抜き難いから。

2　Bela にはトウモロコシは勿論作れる。しかし、あまり作らない。ミミズが多いから。

3　Bela のオカボも tampa の水稲も同じ時期に作る。しかし、オカボの方が少し早く収穫出来る。

4　自分は bajak より mangginda の方が好きだ。それに慣れているから。Mangginda の後、lembang という板を使って土を高い所から低い所に移し、田面を平らにする。

5　Tampan を植える時には水はそれほど深く溜まっていない。しかし深く潜る。集落に近い所でふくらはぎぐらいまで潜るし、遠い所では太腿まで潜る。

200.0km：　サゴを採っている (*8,9,10)。

1　サゴヤシ林の中に幅1mの川あり。それを堰き止めて小さな池を造りその水で洗っている。

2　洗い場には割木状にしたサゴ髄を多く積み上げエンジン付きの粉砕機で大鋸屑状のものにしている。ここにある道具は殆どがサゴヤシ製。水を汲むバケツはサゴの葉で編んで作ってあるし、樋は葉柄で出来ている。沈殿槽は髄を刳りぬいたサゴヤシの幹。全長は15m近くある。

3　1本の木を処理すると、12kg入りの俵が40俵出来るという。その12kg入り俵が市場ではRp.600で売れるという。

213.4 km：　キリスト教会あり。近くにToraja風の米倉がいくつかある。

221.0 km；　幅100mの川。これにはダムが造ってある。

225.2kmよりゴム園広い。

243.0km：　Palopo着。

＊8

＊9

＊10

かとも考えたが、それも上手くいかなかった。
2　本村の方は、水田は殆ど無い。バナナとココヤシの多い村だ。
3　この2年間はMakassarの師範学校に行っていて、帰って来たばかりだ。

冒頭の年月日は、高谷が調査し、現地を訪問した日時です。二行目の「83・4km」は、位置の特定が可能なように、記録の起点となる場所からの距離が記されています。すなわち、ひとつひとつの記録が、どの地点の記録であるかをピンポイントで特定できるように、位置情報を取っているわけです。[*20] また、この地点での記録は、景観観察と聞き取りの記録とからなっていることもわかります。

一九八〇年の農村景観

高谷好一フィールドノートの記録から、一九八〇年には二〇一七年と全く異なる景観が広がっていたことがわかります。当時は、家々はまばらにしか存在せず、まれにみかける家もヤシの葉で葺かれたような粗末なものだったことがうかがえます。水田はすでに存在するものの、稲はまだうまく作付けできていないようです。また、この地点の前後の景観観察の記録でも、多くのところはチガヤ草原や放牧地のような状態で、水田は、点在する村の近くにわずかにみられる程度であったことがわかります。

＊20　現在では、持ち運びが容易な小型のGPS装置が多々、利用可能ですので、そうした機器を使って正確な緯度経度情報を入手することが可能です。ただし、実際のフィールドワークの最中は景観観察に忙しく、すべての細かい情報に対してGPS装置を使って位置情報を取得していては時間がかかりすぎることもありますので工夫が必要になります。

現地での農村景観の観察と聞き取り

しかしこの地点は、二〇一七年には、広大な水田地帯へと変貌をとげていました。写真（図⑰）から明らかなように、一筆当たりの圃場は大きく、四角く整然と区切られています。田面に水たまりはあまり見られず、畜力ではなく機械を使った均平作業が行われていることがうかがえます。畔はそれほど高くないため、圃場レベルで水をためる必要はあまりなく、水管理が人為的にかなり精密にコントロールされていることがわかります。水路は道沿いにきれいに整備され、ここからも管理の行き届いている様子がうかがえます。また、周辺の圃場も含めて、田植え前に、田面に線が引かれ、移植する苗の位置を均等に配置する工夫がなされ、技術レベルも高い集約的な稲作栽培がおこなわれていることがわかります。つまり、写真の景観からは、ここは現在、穀倉地帯になっていることがうかがえるのです。

実際、筆者も現地で、一九八三年に移住してきたという人に話を聞くことができました。それによると、一九八三年当時、このあたりは森で、まだ野生の猿も多数生育していたといいます。開拓当初は二頭仕立てのウシに鋤を引かせて耕起していましたが、現在では、すべてトラクターによる耕起に代わってしまいました。このあたりのかんがい水源となるダムは一九八二年に建設が開始され、一九八八年から水利操作が始まりました。現在では、かんがい設備もよく整備され、化学肥料も利用して、水稲の年間二期作を安定して行うことができるといいます。そして、水稲生産を安定して行うことができるようになり、この地に移住する人もますます増加したそうです。このように、一九八〇年の時点では存在しなかった大規模かつ先進的な水田地帯が、過去三七年の間に急速に形成されてきました。

農村景観の読み解き

直線的な水路や道路、圃場整備の進んだ水田区画、都市的な集落の形成など、現地の景観から読み解けるのは、政府主導の開拓プログラムによってこの地域が穀倉地帯に変貌したことです。実際、聞き取りをした人からも、もう少し南のほうにはジャワからの移住村があったこと、かつて政府の開拓プログラムがあり、移住者が一九八〇年代以降、増加したことを確認することができました。また、先に紹介した一九八〇年一二月一日の高谷好一フィールドノートでも、ジャワからの開拓移住者の村がすでに形成されていたという記述も確認できました。

しかし、筆者が聞き取りをした人は、ジャワ人ではなく、スラウェシに昔からいるブギスの人でした。田植えの作業をしていたのもブギス人でした。祖父母や両親の代からすでに、スラウェシ島の内外を移動し、時には農業を、時には漁業を、そしてまた時にはチョウジやコショウなどを山地で栽培するなど、さまざまな生業を経験しながら生きてきた柔軟でたくましい人たちでした。八〇年代のはじめに政府のプログラムを契機とした森林の開拓が行われた際、いち早くこの現場を訪問し、サゴヤシが繁茂していた森林を切り開き、そこで生計を維持できる可能性を探っていた人たちでした。水のコントロールができないため、当初は、粗末な小屋の周辺にバナナやココヤシなどを植え、さまざまな作物を栽培したり、副業をしたりしながら生計を維持してきました。その間も、開発の動向をよく観察し、開拓者のための森林伐採業に従事しながら、開いた土地を売買し、条件の良い土地を確保していきました。やがて、かんがい水路が整い、圃場が整備されると、移住してきたジャワの人たちからも水稲の品種や農業技術に関する情報を入手し、高収量品種の導入、化学肥料の施与など、集約的な水稲生産を実施し、収穫物を販売して収入を得るようになりました。すなわち、政府プログラム主導による開拓移住型の村落に特徴的な農村景観でありながら、実際には、移住してきたジャワの人たちが、ブギスをはじめ地元の人たちと多数入り交じり、技術や情報が行き交い、そうしたダイナミックな相互作用の上で、現在の農村景観が形成されてきたといえるでしょう。

人間活動の読み解き

スラウェシの開拓移住村を事例にして、農村景観に埋め込まれた人間活動の歴史の読み解きを行ってきました。この例からもわかる通り、農村景観を見ただけで、人間活動の歴史まで簡単にわかるものではありません。さまざまな資料をあわせて使いながら、景観の中に断片的にしか残されていない歴史的経緯の痕跡を読み解くことは、むしろ研究の対象となります。

東南アジアの歴史と農村景観

一般に東南アジアは、インドや中国といった大国に挟まれ、外世界から、人やモノ、情報が流入し、多大な影響を受けてきました。影響の特に大きかった出来事だけに限っても、五～六世紀のインド化、一三世紀のイスラームの受容、一六世紀のヨーロッパ列強による侵略とその後の植民地化、第二次世界大戦後の国民国家への歩みなど、それぞれが、農村景観を大きく変えたであろうと考えられます。

たとえば五～六世紀のインド化は、二頭立てのウシによる犂耕など、インド由来の農耕技術を東南アジアに伝え、稲作やその他農業生産方式に多大な影響を与えました[*21]。

一三世紀のイスラームの受容は、その後、インドネシアやマレーシアなどの東南アジア島嶼部において、ブタの飼育が発達しなかったり、発酵させたヤシの樹液をアルコール生成前に飲む利用が普及したりといった、生業や食生活を規定する要因となりました。

食生活の変化は、地域の農業生産のあり方に直接的に影響をおよぼします。東南アジアの現在の食文化・食生活に欠かせないトウガラシも、コロンブスの

＊21　高谷好一のスラウェシ島でのフィールドノートを読むと、水田の耕起作業についての記述が多数、見いだされます。そして高谷は、南スラウェシにおける耕起作業の地理的分布をインドからもたらされた、犂を伴うインド型農耕文化と、それ以前からスラウェシに広がっていたマレー型農耕文化との対置として文化史的に捉えようとしています（古川久雄「南

新大陸発見によって世界中に広がった作物のひとつであり、トウガラシ導入以前の東南アジアで、おそらく在来の香辛料だと思われますが、トウガラシを使わないどのような味が普及していたのかはよくわかっていません。

一六世紀のヨーロッパ列強による植民地化は、ヨーロッパ宗主国での経済発展に資するよう、東南アジアでの農業生産を大きく変えました。ココヤシやゴムなどの大規模プランテーションの形成や商品作物の導入が進み、ココヤシやゴム園が広がるといった、現在の東南アジアらしい農村景観もこの時に形成されたものです。また、現在の東南アジアの穀倉地帯となっているデルタの稲作も、その多くは植民地期に初めて大規模に開拓が進められた結果です[*22]。

戦後の国民国家の時代は、開発の時代でもあり、大規模な森林破壊と開拓移住が進みました。政府主導による森林の伐採やダムの建設、かんがい水路や圃場の整備は、本章で紹介したスラウェシの例のように大穀倉地帯へと地域を変貌させた例がある一方、インドネシア・カリマンタンの泥炭湿地林の開拓と移住のように、きわめて限定的な成果しか得られていない場所もあります。こうした人間活動の歴史的経緯が、東南アジアの現在の農村景観を形作ってきたわけです。

変化する農村景観

農村景観は、現在もまた、人間活動によって、変化の真っただ中にありま

スラウェシの稲作景観」『東南アジア研究』二〇巻一号、一九八二年、二三―四六頁／高谷好一「パンカジェネ河流域の土地利用――山地と海岸の対比の視点から」『東南アジア研究』二〇巻一号、一九八二年、九四―一一三頁)。それに対し田中耕司は、開墾されたばかりの低湿地は当初、泥深い水田のため、家畜や犂を使った耕起ができないものの、やがて床土が固められると犂耕が可能となること、そしてその後も、犂の技術の改善や品種の改良など、さらなる集約化が進むという、農業技術史的に捉えようとしています(田中耕司「南スラウェシ州ルウ県北部への人の移動と水田農耕の技術変容」『東南アジア研究』二〇巻一号、一九八二年、六〇―九三頁)。両者の間で見方は少し異なりますが、いずれの場合も農業景観の読み解きがなされているわけです。

*22 東南アジアには、エーヤワディーデルタ、チャオプラヤデルタ、メコンデルタ、紅河デルタの四つの大きなデルタがありますが、紅河デルタを除く三つのデルタはいずれも植民地期に大規模に開拓が進みました。

す。その様子を、再び、インドネシア・スラウェシでの農村景観から見てみましょう。

図⑳は、二〇一八年一月に筆者が撮影した、スラウェシ山地部の農村景観の写真です。筆者がこの地を訪問した理由は、高谷好一の一九八〇年一二月のフィールドノートに、古い農耕技術の見られる農村の記録があったからです。図㉑が、高谷が現地でスケッチした詳しい土地利用図とその凡例です。参考のために、同じ場所のGoogle画像を図㉒に示しました。高谷は土地利用図について、測量していないため境界は不明瞭だという但し書きをつけていますが、Google画像と比較する限り、圃場全体の境界や、圃場ごとの境界など、実際にはかなり正確な地図だったようです。しかも、水稲生産を中心とした営農体系が現在も続いていて、一九八〇年当時と現在を比較しても農村景観の大枠は変わっていないように見えます。

しかし、村の人に話を聞くと、使われている農耕技術は大きく変わっていました。高谷が調査した一九八〇年には、水稲を植え付ける前に、圃場の草を薙いで

図⑳　インドネシア・スラウェシ、バンティムルン村の農村景観（2018年1月撮影）

図㉑　インドネシア・スラウェシ島、バンティムルン村の土地利用とその記述

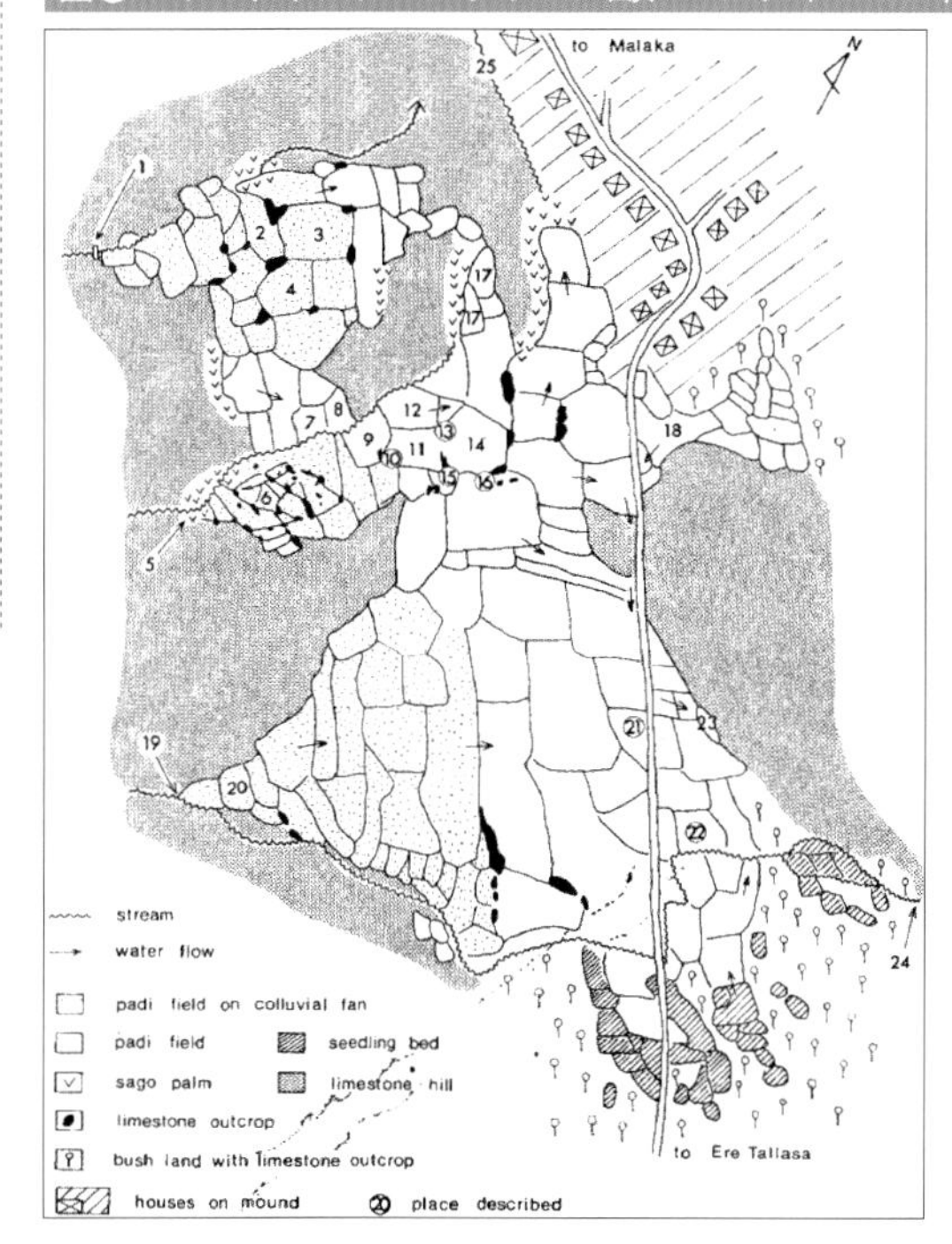

図に番号で示された地点の説明

① 井堰。幅約 2 m。水位は約 0.5 m高められる。この井堰の上流にも，1960 年代に開田された水田がほんの少しある。

②〜④ カラエンの祭田。

⑤ 幅 1 mの流れ。まわりにはサゴヤシ多し。

⑥ 石灰岩の小露頭が極めて多く，極端な場合には，岩の間に身をすり入れて鍬がけしなければならない田。

⑦〜⑨ 1981 年現在，アポッチャで本田準備をしている田。

⑩ 田中にある湧水。湧口を中心に直径 4 mぐらいのところを土手で囲って池としている。

⑪〜⑫ 金魚藻に似た水草とオモダカに似た草多し。ほとんど年中湛水している。泥深く，膝あたりまでもぐる。

⑬ 湧水。これをとりまいて直径 2 mぐらいのところが土手で囲われ池となっている。

⑭ 泥深い田。ところどころに膝ぐらいまでもぐるところあり。

⑮ 直径 5cm ぐらいの吸込み口。湛水期には，ここから盛んに地中に水が落ち込む。

⑯ 石灰岩が直径 7-8m で環状にならび，その中央が緩い泥土を持つ池状になっている。

⑰ 極めて泥深く，年間の多くの期間湛水している。この田では，1981 年現在，アポッチャを行っている。

⑱ この周辺は広く，泥の薄い田が続く。湛水させるのが困難な田。

⑲ 幅 1.5m の川。

⑳ 泥深くはないが，極めて長期に湛水するらしく，金魚藻に似た草多い。

㉑ 直径 10cm ぐらいの吸込み口。

㉒ 直径 1.5m ぐらいでジョーゴ型に開いた吸込み口。そのまわりには土手を築いて，水の落ち込むのを防止している。

㉓ 石灰岩に接した水田中の割れ目。幅 2m，長さ 10m，深さ 4m。

㉔ ⑲と同じ川。ここでは幅 0.5m にせばまり，水量も著しく減じている。

㉕ 川①，⑤の末流。幅 4m になり，水量は著しく増大している。

出典：高谷好一「パンカジェネ河流域の土地利用」『東南アジア研究』20 巻 1 号、1982 年、96 頁。

しばらくした後、ウシや人に踏ませて草と泥をまぜ、水田を耕起・均平化する、踏耕とよばれる古いタイプの農耕技術が行われていました（図㉓）。しかし、踏耕は、二〇一八年にはまったく見ることができませんでした。むしろ、そうした農耕技術は、知らない、見たこともない、という村人が少なからずいました。代わって普及していたのが、トラクターによる耕起でした。小型ディーゼルエンジンつきのトラクターに、鉄製のホイールをつけ、草をなぎ倒すと同時に、泥と草を撹拌することが行われていました（図㉔）。かつて、人や家畜が田に入って草を踏みつけ、泥と草を撹拌したのと同じことを、現在では、機械を使って行うようになっていたわけです。

また、使われている水稲の品種は、集約的な農業生産が行われている沿岸低地部と同じく、高収量をもたらす改良品種でした。化学肥料や農薬も使用されています。収穫も機械で行われていることがわかりました。このように、山地の中で古い農耕技術が残された辺境の地の農業生産ではなく、開かれた低平地と同様

図㉒　Google の地図画像から判別された、高谷よる描画図（図⑲）と同地点の画像

の、集約的な生産がかなり進んでいることがわかりました。

地域の農耕文化からグローバルな営農システムへ

農村景観からはかつてと同じように見えた営農体系も、実態はまったく違う

図㉓　踏耕の様子（1980年11月12日、Watansoppengの西17km地点）

出典：高谷好一『地域研究アーカイブズ　フィールドノート集成Ⅰ』298頁。

と考えてよいものでした。一九八〇年に見られたような、地域の自然環境や歴史的経緯を反映した、古くからの農耕文化が残されているわけではありませんでした。それはむしろ、地域を越えて普及するグローバルな営農システムを体現していました。

たとえば、現在使われている高収量品種は、かつてのように地域ごとに育種

図㉔ ホイールのついたトラクター（南スラウェシ州にて2018年1月撮影）

され地元の環境に適合した品種などではなく、国際機関や国の専門機関で育成され、普及したものでした。稲の品種改良を国際的に進めている機関としてもっとも有名なのが国際稲研究所です[*23]。日本をはじめ、各国から有用な稲の品種を集めて交配実験を行い、生産性だけでなく、耐干性や耐病性など、さまざまな自然環境条件に適応した品種の育成を進めています。ここで交配された品種が各国に導入され、それぞれの地域での栽培実験を経て普及しています。

国内での高収量品種の普及も、一般には官民が協力して行っています。国ごとに農業改良普及を担当する役所があり、国際的に評価の高い高収量品種の導入を進めています[*24]。すなわち、かつては地域ごとの自然環境条件に応じて育種され育まれてきた稲の品種も、現在では、国際的なネットワークの中で育成されて各国に普及し、国内でも、国の農業改良普及ネットワークに沿って農家に届けられるようなシステムになっているわけです。

また、化学肥料の施与や農薬の使用も、かなり一般化してきました。特に、高収量品種を使用する場合、高い生産性を発揮させるには化学肥料の施与は不可欠です。政府はさまざまな形の補助金を出して、農家での化学肥料の使用を促進しています。

さらに、相対的に高価な高収量品種を購入して使用する場合、病虫害対策も不可欠です。農薬や除草薬が普及することになります。農薬も化学肥料と同様、国内外のネットワークで生産・流通・普及が行われており、さまざまな段

＊23 国際稲研究所 International Rice Research Institute, IRRI。一九六〇年に設立された、フィリピンのロスバニョスにある国際的な稲の研究機関。そもそもはアメリカのフォード財団やロックフェラー財団の資金によって設立され、日本をはじめ、各国からの資金の提供によって維持されています。世界各国から有用な稲を収集して交配し、より有用な稲を育種するための研究を進めています。

＊24 農業普及の対象となるのは稲の品種だけではありません。その他さまざまな作物や品種が対象となります。

階で政府が補助し、農民が利用することをサポートしています。

　農作業の機械化も、国内外のグローバルネットワークと無関係ではありません。スラウェシで導入されていた農機具は、現地で「クボタ」と呼ばれる日本製の中古のトラクターでした。草をなぎ倒し、泥と草を撹拌するためのホイールも、現在ではインターネットで品定めをして購入することが可能です。

　農業機械化の進展は、農村の人びとの働き方にも密接に関係しています。すなわち、工業やサービス業など、農家の世帯レベルでの家計における非農業部門の収入が相対的に高くなると、農業生産に従事する若年労働力が不足し、農業生産の省力化のために農業機械が導入されます。農耕の技術から見れば、踏耕は自然環境に適応した技術として捉えることが可能ですが、トラクターへの転換は、農業生産からの収入や他の職業との兼ね合いなど、社会経済的な要因が密接に関わっていることがわかります。

　このように、高谷が、古い農耕技術が残っているとして調査対象となっていた村の農業も、現在では、グローバルな営農システムの中にがっちりと組み込まれていることがわかります。

おわりに——景観観察から日本と世界を考えてみる

農の営みとは本来、自然界の中で循環し、かつ、長い歴史の中で蓄積されてきた資源とエネルギーを人間が利用することで初めて成り立つ活動です。農のひとつひとつの営みの背景には、これまでの地球の長い歴史が反映されています。農の営みはまた、人間の文化・文明を背景として成立しています。人類は誕生以来、地域ごとの多様な自然とかかわりあいながら多様な文化を形成してきました。個々の文化の中からやがて、広い範囲で適用可能な技術や制度が生まれてきたことでしょう。それらは人間の政治経済的な活動とともに他の地域にも広がり、やがて文明となりました。

日本文化の中で稲作が特に重要な地位を占めていることは多くの人が認めるところですが、稲作が日本に渡来する前に、日本にはすでに人が暮らし、農耕が行われていたことがわかっています。[*25] そのことを考えるひとつの壮大な試論に、照葉樹林文化論があります。[*26] ヒマラヤ中腹から西日本にかけての広い地域に、照葉樹と総称される、ツバキやクスノキなど葉に光沢のある樹種が生育し、この照葉樹林が卓越する地域に、モチや酒、蚕の飼育、歌垣など、さまざまな文化要素が共通してみられることがわかり、照葉樹林文化として名づけられました。景観の中の文化要素の観察、それが広域でも同様に存在すること、

＊25　稲作以前に雑穀などが焼畑で栽培されていたことを、国内だけでなく世界各地のフィールドワークから考察した研究に佐々木高明『稲作以前』ＮＨＫ出版、一九七一年、『新版稲作以前』ＮＨＫ出版、二〇一四年があります。またイモ農耕が重要であったとする研究に坪井洋文『イモと日本人——民俗文化論の課題』未来社、一九七一年があります。

＊26　照葉樹林文化論については多くの文献がありますが、議論のもととなった文献と、その後の新しい知見を含めて論点を整理した解説書をあげておきます。中尾佐助『栽培植物と農耕の起源』岩波新書、一九九六年、上山春平『照葉樹林文化——日本文化の深層』中公新書、一九六九年、上山春平『続・照葉樹林文化』中公新書、一九七六年、佐々木高明『照葉樹林文化とは何か——東アジアの森が生み出した文明』中公新書、二〇〇七年。

そして、広域に共通する自然環境の基盤として照葉樹林があることを発見し、照葉樹林文化論が生まれたわけです。その後、アジア各地における新しい考古学資料の発見やフィールドワークによる知見の蓄積により、日本の稲作文化にみられるさまざまな文化要素のうち、農作物や各種道具などの物質文化については、雑穀栽培を中心とする、稲作以前の古い文化と共通するものが見られる一方、祭りや儀礼などの精神文化については、日本の制度や歴史を反映した独特のものが形成されていると考えられるようになってきました。

こうしたことが農村景観の読み解きだけで明らかになったわけではありませんが、フィールドワークを通じて、農村景観を観察し読み解くことが、日本列島で営まれた人類史について考えるさまざまなヒントとなってきたのは事実です。

時代が大きく下った今日では、グローバル化が進展し、農の活動もグローバルな営農システムとして捉える必要があります。かつてのような地域ごとの自然や社会を反映した農から、世界の動向が地域の農の活動に大きく影響をおよぼす時代になりました。その結果、ベトナムやインドネシアの一部のように、農村景観がよく残されている地域もありますが、日本では、残念ながら、第二次大戦後の高度経済成長と都市化の進展の中で、農村景観を見る機会はずいぶんと減ってきました。このことは、実は、世界的な傾向でもあります。かつては世界の人口のうち半数以上を農村人口が占めていたのですが二〇〇七年にその関係が人類史上初めて逆転し、都市部の人口が過半数を占めるようになりました。二〇一八年のWorld Urbanization Prospectsでは、世界の都市人口は全人口の五五％パーセントを占めていることが報告されています[*27]。

このように、農村人口が相対的に減少する中で、かつての重要な農業生産システムを遺産として保全しようという動きがあります。ユネスコが世界の貴重な歴史的遺跡や自然を世界遺産として登録するのと同じ発想で、人類の知恵がつまった貴重な農業生産システムを残していこうという発想です。そのきっかけは、二〇〇二年の南アフリカ・ヨハネスブルクのサミットにはじまります[*28]。その後、ＦＡＯ（国連食糧農業機関）が中心となり、世界農業遺産を認定してきました。二〇一八年現在、世界の二一か国・地域で五七か所が世界農業遺産に認定されています。その中には、日本国内の農業遺産一一か所も含まれます[*29]。さらに、各都道府県でも重要な景観を地域の資産と考え、保全しようとしています。必ずしも農村の景観とは限っていないのですが、例えば京都府では、京都府景観資産登録地区を認定しています[*30]。農村景観としては、宇治田原のお茶畑や福知山・宮津の棚田の景観などが登録されています。

本書で述べてきた農村景観の読み解きとは、このように、遠い昔から現代まで、長い文明の歴史を読み解くことに他なりません。そして、農村景観に埋め込まれた自然と人間の相互に影響しあいながら続いてきた長い歴史の経緯を読み解くことは、人類が蓄積してきた知恵を読み解くことにつながるのです。冒

＊27 https://population.un.org/wup/
（二〇一九年二月二六日アクセス）

＊28 http://www.fao.org/giahs/giahsaroundtheworld/designated-sites/en/
（二〇一九年二月二六日アクセス）

＊29 世界農業遺産・日本農業遺産
http://www.maff.go.jp/j/nousin/kantai/giahs_3.html
（二〇一九年二月二六日アクセス）

＊30 京都府景観資産登録地区一覧
http://www.pref.kyoto.jp/toshi/sisanitiran.html
（二〇一九年二月二六日アクセス）

頭に述べたように、農を対象とした農学という学問分野は、本来、自然界と人間界の大きく長い歴史を考えるきわめて総合的な学問ですが、農学を学ぶ方々ばかりでなく、広く人間社会のあり方を考えようとして大学で学ぶ皆さん全てが、農業景観の読み解きに関心をもっていただき、それぞれの立場で現代社会とそれを連綿と築いてきた自然と人の営みについて考えていただきたいと思います。

本書を閉じるにあたり、本シリーズの刊行の基となった研究プロジェクトについてふれておきます。本書は、『情報とフィールド科学』シリーズの一巻として刊行されました。本シリーズの基となったのは、地域研究と情報学を融合させた新しい地域研究の分野を拓こうとする試みの中での議論でした[*31]。そもそも、数値情報だけでなく、文字情報（テキスト）や図版（イメージ）、音楽など、地域研究が利用する地域に関する情報はきわめて多様で、情報学の手法をそのまま地域研究に適用することはできませんでした。また、さまざまな研究分野で培われた実証的な分析手法をすぐに適用することが可能なほど、ある特定地域の課題に関して必要な情報がそろっているわけでもありません[*32]。そのため地域研究者は、独自の工夫をして多様な情報を入手し、それらを総合的に判断して、地域の課題の解明に役立てていることがわかりました。すなわち、耳で聞いた情報、観察して得た情報、計測して得た数値情報などのいずれの場合

＊31
相関型地域研究と地域研究情報資源の統合と共有化（地域情報学）の推進を目的として、二〇〇六年、京都大学地域研究統合情報センターが設立されました。その活動の一環として、地域情報学プロジェクトが進められました。地域研究統合情報センターは二〇一六年、京都大学東南アジア地域研究研究所に統合されました。

＊32
さらに、地域に関する情報にアクセスできるのは必ずしも現地とは限らず、植民地期の宗主国の図書館や外国の研究機関など、偏在していることもしばしばで、情報資源の共有化も大きな課題でした。

でも、情報を入手した状況を踏まえ、個別の情報の信ぴょう性（あるいは精度）を高めるだけでなく、地域の中で特定の情報が持つ意味を考え、他の情報との整合性も適宜判断しながら、総合的に地域の課題の解明に役立てていました。そこで私たちは、地域研究と情報学の融合とは、単に先進的な情報学の手法を地域研究に適用することではなく、地域研究の特徴に応じた情報学の応用を考える必要があること、さらに言えば、地域研究者が工夫をこらしていた情報入手のプロセスを理解することが地域研究と情報学の融合の出発点であると考えるようになりました。本シリーズで取り上げたのは、そうした、現地で情報を入手するための知的格闘の中で得られたアイデアでした。

本書、あるいは本シリーズの刊行にあたっては、京都大学東南アジア地域研究研究所の伊藤ゆかりさんに大変丁寧で読者に配慮した編集・校正作業をしていただきました。また、京都大学学術出版会の鈴木哲也さんには、本シリーズの企画の段階から相談に乗っていただき、ブックレットいう形式での出版とそれに応じた的確なアドバイスをいただきました。記してお礼申し上げます。

著者紹介

柳澤　雅之（やなぎさわ　まさゆき）

1967年奈良県生まれ。京都大学農学研究科博士課程修了。博士（農学）。1999年京都大学東南アジア研究所助手，2006年京都大学地域研究統合情報センター助教授，同准教授，2017年から京都大学東南アジア地域研究研究所准教授。専門はベトナムを中心とする東南アジア地域研究。主な関心は東南アジアの生態史，ベトナム農村発展史，地域情報学。

主な著作に，『衝突と変奏のジャスティス』（相関地域研究3，青弓社，2016年，共編著），「東南アジア大陸部の生態史」（山本信人監修，井上真編『東南アジア地域研究入門1　環境』慶應義塾大学出版会，2017年所収），「地域情報学の読み解き——発見のツールとしての時空間表示とテキスト分析」（『地域研究』第16巻第2号，2016年所収，共著），"Forest Transition in Vietnam: A Case Study of Northern Mountain Region"（*Forest Policy and Economics* 76, 2017，共著）など。

＊本書は，京都大学東南アジア地域研究研究所の地域情報学プロジェクトの成果として刊行された。

景観から風土と文化を読み解く
（情報とフィールド科学6）

2019年3月31日　初版第一刷発行

著　者　柳　澤　雅　之
発行人　末　原　達　郎

京都大学学術出版会

京都市左京区吉田近衛町69番地
京都大学吉田南構内（〒606-8315）
電　話（075）761-6182
FAX（075）761-6190
URL http://www.kyoto-up.or.jp/
振　替　01000-8-64677

ISBN978-4-8140-0228-3
Printed in Japan

印刷・製本　亜細亜印刷株式会社
カバー・本文デザイン　株式会社トーヨー企画
定価はカバーに表示してあります